中德"双元制"职业教育化工专业系列教材

高等职业教育教材

化学工艺单元操作

冯 凌　聂莉莎　主编

化学工业出版社

·北京·

内容简介

《化学工艺单元操作》借鉴了德国职业教育"双元制"教学的特点,将教材分为理论知识和工作页两部分。其中理论部分又分为物理基础和工艺技术两部分,通过力学、热力学、能量转化三个方面的基本物理知识的学习,将理论知识向生产实际延伸,使学生顺利进入工艺技术部分的学习;工作页部分包括物料输送、粉碎、混合、非均相物系分离、热传递、均相物系分离等基本单元操作,涵盖了目前石油化工企业绝大部分的基本操作,具有普遍适用性。

本书可作为高等职业教育应用化工技术及其相关专业教学用书。

图书在版编目(CIP)数据

化学工艺单元操作/冯凌,聂莉莎主编.—北京:化学工业出版社,2024.6

中德"双元制"职业教育化工专业系列教材

ISBN 978-7-122-44958-0

Ⅰ.①化… Ⅱ.①冯…②聂… Ⅲ.①化工生产-工艺学-职业教育-教材 Ⅳ.①TQ06

中国国家版本馆 CIP 数据核字(2024)第 103685 号

责任编辑:王海燕 满悦芝 文字编辑:崔婷婷
责任校对:宋 玮   装帧设计:韩 飞

出版发行:化学工业出版社
　　　　　(北京市东城区青年湖南街 13 号 邮政编码 100011)
印　　装:中煤(北京)印务有限公司
787mm×1092mm 1/16 印张 17$\frac{1}{2}$ 字数 398 千字
2024 年 9 月北京第 1 版第 1 次印刷

购书咨询:010-64518888　　　售后服务:010-64518899
网　　址:http://www.cip.com.cn
凡购买本书,如有缺损质量问题,本社销售中心负责调换。

定　　价:49.80 元　　　　　　　版权所有　违者必究

中德"双元制"职业教育化工专业系列教材编写委员会

顾　问　Sigam Kühl　赵志群
主　任　李　辉
副主任　陈　星　徐晓强
委　员　陈　月　左　丹　刘洪宇　高　波
　　　　　冯　凌　崔　帅　刘　健　张郡浉
　　　　　聂莉莎　刘婷婷　吕　龙

序

石油化学工业作为流程工业，融合多种学科，由于其工艺过程连续不断，并且具备大型设备多、自动化程度高、危险因素多、"三废"多等特征，对从业人员的职业素质和能力要求更高。《国家职业教育改革实施方案》明确指出，要"借鉴'双元制'等模式，总结现代学徒制和企业新型学徒制试点经验，校企共同研究制定人才培养方案，及时将新技术、新工艺、新规范纳入教学标准和教学内容，强化学生实习实训"，要"积极吸引企业和社会力量参与，指导各地各校借鉴德国、日本、瑞士等国家经验，探索创新实训基地运营模式"，"建设一大批校企'双元'合作开发的国家规划教材，倡导使用新型活页式、工作手册式教材并配套开发信息化资源"，为新时代职业教育和职业培训指明了方向。

盘锦职业技术学院于 2017 年 3 月率先在国内引入德国化工"双元制"人才培养项目，在化工类专业中开展德国"双元制"本土化改革，通过理念上的创新、模式上的引进、标准上的借鉴、机制上的复制，吸纳德国职业教育先进的办学元素，经过内化与改革，形成了一系列标准、模式等创新成果。特别是在人才培养方案制定、行动领域课程开发、双主体师资队伍建设、校企双元协同育人、引入德国化工职业资格考试等方面进行了创新与实践。

伴随"中德化工双元培育项目"的实施，开发了一系列行动导向课程，其特点是课程来自于真实的工作过程，充分考虑行动过程中涉及的理论知识与相关实践的技能。对照德国化工操作员人才培养方案及企业培训框架，确定了适合于我国实际的石油化工操作人员培养方案的 8 个行动领域课程，其中责任行动措施、工艺物料处理、工艺单元操作、工艺监控、设备维护与保养、工艺执行与稳定等 6 个行动领域是基础部分，石油加工的化学技术、石油化工中的分析 2 个行动领域是专业方向。该课程体系是国际化专业标准本土化的重要标志。

为保证该课程体系在实际教学中落地，急需开发适合行动导向教学的教材。为此，学院成立了教材编写委员会，组成教材开发小组。经过企业走访与调研，结合中德化工双元培育项目的成果，编写了以行动导向为主的中德"双元制"职业教育化工专业系列教材。该系列教材采用新型活页式，包含理论部分和各种学习情境下的任务单，使用灵活、方便。系列教材学习情境来自于化工职业和化工生产的工作情境，学习任务源于职业体验和岗位真实的生产任务，情境和任务的设计尽可能地与职业和岗位生产无缝对接，内容的选取突出对准职业人核心素养的培养。

中德"双元制"职业教育化工专业系列教材是德国化工"双元制"培养模式在我国本

土化过程中的有益尝试。引入相关国家标准、规范，实现了德国双元培养模式的本土化，引领了学校、企业、培训生等不同教育主体的学习方向，打破了教育主体之间的壁垒，更好地诠释了"双元制"校企协同、标准统一、学生主体的理念。我们衷心希望该系列教材的出版，能够为我国化工领域的职业教育和职业培训带来实质性的促进与贡献。

盘锦职业技术学院副院长

2024 年 8 月

前言

化工单元操作是化工类专业重要的专业基础课,其所讲授的理论和技能在化工生产过程中起着举足轻重的作用,掌握化工单元操作的技能对于化工类专业的学生来讲是非常必要的。

本书成稿的过程中,一直与德国教育机构合作,编写团队成员均参加了AHK组织的各类师资培训。依托于德国"双元制"培育模式,编写团队与德国教育机构共同开发人才培养方案和教学大纲,在参考企业一线生产工作调研的背景下,致力于编写适合高职学生发展的中德"双元制"本土化教材。

本书内容的选取紧紧围绕化工单元基本操作的需要有序展开,层层递进,既满足职业能力的培养要求,又充分考虑到理论知识的学习需要,重构知识体系。遵循"任务引领、做学一体"原则,以能力培养为主线,围绕职业能力的形成组织课程内容,让学生通过完成具体的工作任务来掌握相关知识和提升职业能力。

本书架构上分为理论和工作页两部分。其中理论部分又分为物理基础和工艺技术两部分,通过力学、热力学、能量转化三个方面的基本物理知识的学习,将理论知识向生产实际延伸,使学生顺利进入工艺技术部分的学习;工艺技术部分包括了输送、粉碎、混合、非均相物系分离、热传递、均相物系分离等基本单元操作,涵盖了目前石油化工企业、精细化工企业绝大部分的基本操作,具有普遍适用性。

工作页部分共有15个任务,每个任务均对应着工艺技术部分的单元操作理论。任务的设置基于主编所在院校的实训基地,学生可以在学习某一单元操作后,依据工作页中工作任务的要求,以小组为单位,到相应的实训装置上进行实操训练,既可以掌握操作技能,又可以训练合作和沟通技巧,提升职业素养。在完成工作任务的过程中,教师指导学生依照收集信息、决策、计划、实施、检查、评估,即德国"双元制"六步教学法来进行训练。

本书为工作手册式教材,所选内容和编排顺序,均引进德国"双元制"培育模式;同时,引入多种信息化手段,可通过扫描二维码,观看动画和视频,使学生对理论知识、装置现场、规范操作等有直观、立体的认知和学习。

本教材由盘锦职业技术学院冯凌、聂莉莎主编,盘锦职业技术学院何季娟、左丹参编。第一章、第二章由何秀娟编写;第三章、第四章、第五章、工作页、任务1~8由冯凌编写;第六章、第七章、第八章、任务9~15由聂莉莎编写;第九章由左丹编写。全书由冯凌和聂莉莎编写提纲,由冯凌统稿,盘锦职业技术学院李辉教授主审。本教材中的装置操作规程参考了天津大学的实训装置说明书和北京东方仿真控制技术有限公司的相关资料。

在本书的编写过程中，得到了盘锦职业技术学院各级领导的支持与帮助，在此谨向他们表示衷心的感谢，也感谢为本书编写提供宝贵建议和帮助的各位老师。

由于编者水平有限，经验不足，不妥之处在所难免，欢迎读者批评指正。

编者
2024 年 3 月

目录

第一章　力学基础　　1

第一节　静力学　　1
一、液体的性质　　1
二、静压力　　1

第二节　流体力学　　2
一、运动黏度和动力黏度　　2
二、流体的流动形态与雷诺值　　2
三、气体的性质　　3
四、理想气体　　3
五、真实气体　　3
六、气压　　4
七、扩散和渗透　　4

第二章　热力学基础及能量形式　　5

第一节　热力学相关概念　　5
一、线性膨胀和体积膨胀　　5
二、阿蒙顿定律　　5
三、普适气体常数　　5
四、气体临界常数　　5
五、功　　6
六、热与热力学能　　6
七、热容与比热容　　6
八、载热体与燃烧热　　7
九、热传递过程　　7
十、蒸气压曲线　　7

第二节　热力学定律　　8
一、等温、等压和等容气体定律　　8
二、理想气体状态方程　　9

三、热力学第一定律 ………………………………………… 9
　　四、物态变化 ……………………………………………… 9
　第三节　能量的形式 …………………………………………… 10
　　一、机械能 ………………………………………………… 10
　　二、相变热 ………………………………………………… 10
　　三、电能 …………………………………………………… 10
　　四、化学能 ………………………………………………… 11
　　五、能量转换 ……………………………………………… 11

第三章　固体、液体和气体的储存和输送　12

　第一节　固体、液体和气体的存储设备 ……………………… 12
　　一、固体储存 ……………………………………………… 12
　　二、液体储存 ……………………………………………… 13
　　三、气体储存 ……………………………………………… 15
　第二节　液体的输送 …………………………………………… 16
　　一、液体输送的物理基础 ………………………………… 16
　　二、管路与阀门 …………………………………………… 21
　　三、离心泵 ………………………………………………… 24
　　四、活塞泵 ………………………………………………… 31
　　五、回转泵 ………………………………………………… 31
　　六、喷射泵 ………………………………………………… 33
　第三节　气体的输送 …………………………………………… 33
　　一、气体输送的物理基础 ………………………………… 33
　　二、离心式通风机 ………………………………………… 34
　　三、鼓风机 ………………………………………………… 35
　　四、压缩机 ………………………………………………… 36
　　五、真空技术 ……………………………………………… 37
　　六、节能措施 ……………………………………………… 38
　第四节　固体的输送 …………………………………………… 39

第四章　物质的混合与粉碎　41

　第一节　分散与混合 …………………………………………… 41
　　一、混合方法与应用 ……………………………………… 41
　　二、溶解与分散 …………………………………………… 41
　第二节　搅拌混合工艺 ………………………………………… 42
　　一、搅拌过程 ……………………………………………… 42
　　二、搅拌容器 ……………………………………………… 42

第三节　粉碎工艺 ……………………………………………… 44
　　一、粉碎时的应力类型 …………………………………… 44
　　二、内聚力、表面能、机械能与粉碎的关系 …………… 44
　　三、粉体的基本知识 ……………………………………… 45
　　四、粉碎常用技术 ………………………………………… 45
第四节　粉碎设备 ……………………………………………… 46

第五章　热传递　48

第一节　认识热传递工艺 ……………………………………… 48
　　一、热量 …………………………………………………… 48
　　二、载热体及载冷体 ……………………………………… 49
第二节　热流平衡 ……………………………………………… 50
　　一、传热推动力 …………………………………………… 51
　　二、导热速率 ……………………………………………… 53
　　三、对流传热速率 ………………………………………… 55
　　四、传热速率与热负荷 …………………………………… 57
　　五、总传热系数 …………………………………………… 59
　　六、强化与削弱传热 ……………………………………… 60
第三节　热传递设备 …………………………………………… 62
　　一、加热设备 ……………………………………………… 62
　　二、冷却设备 ……………………………………………… 68
第四节　蒸发工艺 ……………………………………………… 69
　　一、蒸发器的种类 ………………………………………… 70
　　二、蒸发工艺流程 ………………………………………… 74
第五节　干燥工艺 ……………………………………………… 76
　　一、物理基础 ……………………………………………… 76
　　二、干燥方法 ……………………………………………… 81
　　三、干燥设备 ……………………………………………… 81

第六章　精馏法分离均相物系　86

第一节　认识蒸馏工艺 ………………………………………… 86
　　一、蒸馏在化工生产中的应用 …………………………… 86
　　二、蒸馏与精馏的关系 …………………………………… 86
第二节　精馏的物理基础 ……………………………………… 89
　　一、精馏的汽液相平衡 …………………………………… 89
　　二、精馏的工艺计算 ……………………………………… 91
第三节　精馏设备 ……………………………………………… 97

  一、精馏原理及流程 ———————————————————— 97
  二、板式塔的结构 —————————————————————— 98
  三、板式塔的流体力学性能 ————————————————— 101
 第四节 板式塔的操作与维护 ————————————————— 103

第七章 吸收吸附法分离均相物系 106

 第一节 吸收的物理基础 ————————————————————— 106
  一、溶解度与亨利定律 ———————————————————— 106
  二、相平衡关系在吸收过程中的应用 ————————————— 108
  三、吸收的传质速率 ————————————————————— 108
  四、吸收工艺计算 —————————————————————— 109
 第二节 吸收设备 ————————————————————————— 111
  一、填料 ——————————————————————————— 112
  二、填料塔的附属结构 ———————————————————— 113
  三、填料塔的流体力学性能 ————————————————— 115
 第三节 吸收工艺流程 ——————————————————————— 116
  一、实际生产中的吸收操作过程 ——————————————— 116
  二、吸收传质的影响因素 —————————————————— 117
  三、解吸工艺 ———————————————————————— 117
 第四节 吸附工艺 ————————————————————————— 117
  一、认识吸附工艺 —————————————————————— 117
  二、吸附剂 —————————————————————————— 118
  三、吸附的工业应用 ————————————————————— 119

第八章 其他分离均相物系的方法 121

 第一节 离子交换法 ———————————————————————— 121
 第二节 萃取 ———————————————————————————— 122
  一、固液萃取 ———————————————————————— 122
  二、液液萃取 ———————————————————————— 123
  三、超临界萃取技术 ————————————————————— 126
 第三节 结晶 ———————————————————————————— 127
  一、结晶的物理基础 ————————————————————— 127
  二、结晶在化工生产中的应用 ———————————————— 128
  三、结晶设备 ———————————————————————— 129
  四、盐析 ——————————————————————————— 131

第九章 非均相物系的机械分离法 132

第一节　筛分技术 ……………………………………………… 132
第二节　沉降 …………………………………………………… 134
　一、沉降和絮凝 ……………………………………………… 134
　二、沉降设备 ………………………………………………… 134
　三、沉降的影响因素 ………………………………………… 135
第三节　离心 …………………………………………………… 136
　一、间歇式过滤离心机 ……………………………………… 136
　二、连续式过滤离心机 ……………………………………… 137
第四节　过滤 …………………………………………………… 139
　一、基本概念 ………………………………………………… 140
　二、常用过滤设备 …………………………………………… 141
　三、榨取与超滤技术 ………………………………………… 144
第五节　其他分离方法 ………………………………………… 144

参考文献　147

工作页　1

任务 1　液体物料输送操作 ………………………………………… 3
任务 2　气体物料输送操作 ………………………………………… 11
任务 3　物料的混合操作 …………………………………………… 17
任务 4　固体物料粉碎操作 ………………………………………… 23
任务 5　套管式换热器换热操作 …………………………………… 29
任务 6　列管式换热器换热操作 …………………………………… 37
任务 7　板式换热器换热操作 ……………………………………… 45
任务 8　流化床干燥器操作 ………………………………………… 53
任务 9　干燥速率曲线的测定 ……………………………………… 61
任务 10　板式塔全回流操作 ………………………………………… 69
任务 11　板式塔连续生产操作 ……………………………………… 79
任务 12　吸收解吸装置开停车操作 ………………………………… 87
任务 13　填料塔性能测定 …………………………………………… 95
任务 14　硼酸结晶操作 ……………………………………………… 103
任务 15　常压过滤操作 ……………………………………………… 109

配套二维码资源目录

序号	资源名称	页码
1	弹簧式安全阀结构原理	23
2	止回阀介绍	23
3	偏心旋转阀结构	23
4	气动调节阀结构	23
5	三通球阀的结构	23
6	旋塞阀的结构	23
7	止回阀的结构	23
8	单级立式离心泵	24
9	计量泵	24
10	多级锅炉给水离心泵	24
11	单级往复泵工作原理	31
12	气动隔膜泵	31
13	单螺杆泵	32
14	齿轮泵	32
15	离心式压缩机结构及工作原理	37
16	水环真空泵工作原理	38
17	套管换热器	63
18	换热器流程动画	63
19	固定管板式换热器结构	64
20	浮头式换热器工作原理	64
21	浮头式换热器结构拆解	65
22	U形管换热器的工作原理	65
23	U形管换热器的结构	65
24	填料函式换热器	65
25	夹套式换热器	66
26	板式换热器	67
27	热管式换热器	67
28	翅片式换热器工作原理	68
29	喷淋式蛇管换热器	69
30	红外干燥器	81
31	真空耙式干燥器	81
32	带式真空干燥器	81
33	箱式干燥器的原理	81
34	沸腾床干燥器	82
35	喷雾干燥器	83
36	简单蒸馏过程	87
37	间歇蒸馏过程	87
38	平衡蒸馏过程	87
39	板式塔构造	99
40	泡罩塔结构原理	101
41	浮阀塔工作原理	101
42	浮舌塔板动画	101
43	板式精馏塔内气液漏液现象	101
44	雾沫夹带现象	101
45	鲍尔环填料	112
46	扁环填料	112
47	六菱环填料	112

续表

序号	资源名称	页码
48	填料压盖	114
49	填料支撑	114
50	驼峰支撑	114
51	喷淋式液体分布器	114
52	槽式液体分布器	114
53	载点气速和泛点气速演示	116
54	吸附原理	118
55	回转床吸附	120
56	搅拌槽接触吸附原理	120
57	流化床吸附原理	120
58	移动床吸附原理	120
59	萃取工艺概述	122
60	萃取操作分析	124
61	重力沉降槽构造及工作原理	134
62	离心机的结构与工作原理	136
63	旋风除尘器构造及工作原理	138
64	板框过滤机结构简介	142
65	叶滤机的结构及工作原理	143
66	转鼓真空过滤机结构及工作原理	143

第一章

力学基础

力的概念是人们在长期的生活和生产实践中经过观察和分析，逐步形成和建立的。当人们用手握、拉、掷、举物体时，由于肌肉紧张而感受到力的作用。力是物质间的一种相互作用，这种作用广泛地存在于人与物以及物与物之间。机械运动状态的变化是由这种相互作用引起的。机械运动是物质运动的最基本的形式，力学是研究物质机械运动规律的科学，力学是物理学、天文学和许多工程学的基础，生产设备和生产工艺的合理设计都必须以经典力学为基本依据。

第一节 静力学

一、液体的性质

液体具有一定的体积，不易被压缩，同时液体没有固定的形状，具有流动性。液体分子间相互作用较强，分子在某一平衡位置附近振动一小段时间后，又转到另一个平衡位置附近振动，这就是液体具有流动性的原因。处于表面层的液体分子，排列比液体内部要稀疏些，在表面层里分子间的作用就表现为引力。液面各部分间的相互吸引力就叫作表面张力。表面张力会使液面收缩至表面积最小。

浸润液体在细管里上升的现象和不浸润液体在细管里下降的现象，叫作毛细现象。当毛细管插入浸润液体中时，附着层沿管壁上升引起液面弯曲，呈凹形弯月面使液体表面变大。

二、静压力

压力 p 是垂直力 F 与该力作用的表面积 A 的比值。当物体浸入在液体中时，四周与液体接触，由于液体的压强随深度的增加而加大，因此液体对物体下表面向上的压力大于对物体上表面向下的压力，物体上下表面的压力差就是浮力。

静压力为液体自重所产生的压力，与容器形状无关，仅与液体深度和密度有关，静压力垂直于作用面，静止液体内任一点，所受到的各个方向的静压力都相等。

设容器液面上方的压力为 p_0，距液面任意距离 h 处作用于其上的压力为 p，则

$$p = p_0 + \rho g h \qquad (1\text{-}1)$$

式(1-1)说明压力的大小也可用一定高度的液体柱来表示，即压力可以用 mmHg、mmH_2O 等单位来计量。当用液柱高度来表示压力或压力差时，必须注明是何种液体。

液压机的基本工作原理（图1-1）就是利用了静压力与面积的关系。相同的液体静压力作用于所有活塞。但是，在大小不同的活塞表面上受到的压力却不同。压力的作用与活塞表面成正比，即与活塞直径的平方成正比。

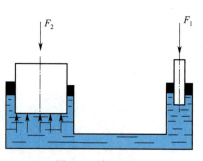

图 1-1　液压原理

第二节　流体力学

化工生产过程中处理的物料多数为流体，按工艺要求需在各化工设备和机器之间输送这些物料，是实现化工生产的重要环节。流体是液体和气体的统称，其基本特征是没有一定的形状，并具有流动性，液体的可压缩性很小，气体的可压缩性较大。在化工生产过程中，流体的流动状况对生产过程的设备选择、工艺调控、操作费用和设备费用都有很大影响，因此流体流动规律是本门课程的重要基础，也是化工生产必须解决的基本问题。

一、运动黏度和动力黏度

实际的液体流动时会发生摩擦。液体内部称为内部摩擦，管壁上称为管壁摩擦。流体在流动时产生内摩擦的性质，称为流体的黏性，黏性的大小称为**黏度**，用符号 μ 表示。黏度是描述流体流动特征的重要物性参数。

有两种黏度测量方法：**动力黏度 μ**，单位是 Pa·s；**运动黏度 ν**，单位是 m^2/s。两种黏度测量值与流体密度有关，公式如下。

$$\nu = \frac{\mu}{\rho} \qquad (1\text{-}2)$$

同一液体的黏度随着温度的升高而降低，压力对液体黏度的影响可忽略不计。同一气体的黏度随着温度的升高而增大，一般情况下也可忽略压力的影响。

二、流体的流动形态与雷诺值

流体的流动形态分为**层流**和**湍流**状态。层流是指流体缓慢而安静地流动。每个液体层相互滑动而不混合。湍流表示液体层有横向偏转和混合。在化工设备的管道中，主要存在湍流。

描述**流动形态的参数**是无量纲**雷诺数 Re**。雷诺数值是一个相似值，它代表真实液体

流动中的惯性力和摩擦力之间的关系,并记录为无量纲量。

三、气体的性质

与液体相似,气体也属于流体,具有流动性,其形状随容器的形状而变化,没有液面,气体的压缩性很强,受热时体积膨胀很大,所以气体是可压缩的流体。在恒定温度下,气体的压力和体积成反比。

四、理想气体

1. 分子间力

无论以何种状态存在的物质,其内部的分子之间都存在着相互作用。相互作用包括分子之间的相互吸引与相互排斥。著名的兰纳-琼斯势能曲线,如图1-2所示。当两个分子相距较远时,它们之间几乎没有相互作用。随着 r 的减小,分子间表现为相互吸引作用,当 $r=r_0$ 时,吸引作用达到最大。分子进一步靠近时,则排斥作用很快上升为主导作用。

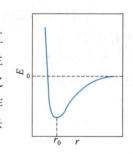

图1-2　兰纳-琼斯势能曲线

气体分子之间的距离较大,故分子间的相互作用较小;液体和固体的存在,正是分子间有相互吸引作用的证明;而液体、固体的难于压缩,又证明了分子间在近距离时表现出的排斥作用。

2. 理想气体模型

理想气体在微观上具有以下两个特征:分子之间无相互作用力;分子本身不占有体积。理想气体可以看作是真实气体在压力趋于零时的极限情况。实际上绝对的理想气体是不存在的,它只是一种假想的气体。但是把较低压力下的气体作为理想气体处理,把理想气体状态方程用作低压气体近似服从的、最简单的 $p\text{-}V\text{-}T$ 关系,却具有重要的现实意义。

五、真实气体

在压力较高时将理想气体状态方程用于真实气体将产生较大偏差。描述真实气体的状态常用范德华方程。1873年,荷兰科学家范德华(van der Waals)从理想气体与真实气体的差别出发,用硬球模型来处理真实气体,提出了压力修正项(a/V_m^2)及体积修正项 b,得出了适用于中低压力下的真实气体状态方程式。即

$$\left(p+\frac{a}{V_m^2}\right)(V_m-b)=RT \tag{1-3}$$

式(1-3)即为著名的**范德华方程**。将 $V_m=V/n$ 代入式(1-3),经整理可得适用于气体物质的量为 n 的范德华方程:

$$\left(p+\frac{n^2 a}{V^2}\right)(V-bn)=nRT \tag{1-4}$$

式(1-4)中的 **a、b 称为范德华常数**。各种真实气体的范德华常数,可由实验测定的 p、V_m、T 数据拟合得出,也可以通过气体的临界参数求取。

范德华方程提供了一种真实气体的简化模型,是被人们公认的处理真实气体的经典方程。实践表明,许多气体在几个兆帕的中压范围内,其 p-V-T 性质能较好地服从范德华方程,计算精度要高于理想气体状态方程。但由于范德华方程未考虑温度对 a、b 值的影响,故在压力较高时,还是不能满足工程计算上的需要。

六、气压

空气的重量在空气中产生压力,该压力随着与地球表面距离的增加而减小。在地球表面附近:海拔每变化 10.5m,气压就会变化 1.33mbar(1mbar=0.1kPa)。

压力可以有不同的计量标准。如以绝对真空为基准测得的压力,称为**绝对压力**,是流体的真实压力。

如以外界大气压为基准测得的压力,则称为**表压**。工程上用压力表测得的流体压力,就是流体的表压。它是流体的绝对压力与外界大气压力的差值,即

$$表压 = 绝对压力 - 大气压力 \tag{1-5}$$

真空度与绝对压力的关系为

$$真空度 = 大气压力 - 绝对压力 \tag{1-6}$$

绝对压力、表压和真空度的关系,如图 1-3 所示。

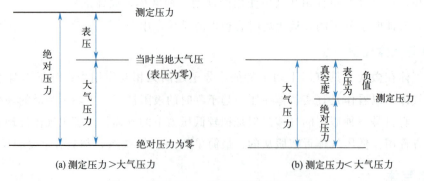

(a) 测定压力>大气压力　　　　　(b) 测定压力<大气压力

图 1-3　绝对压力、表压和真空度的关系

七、扩散和渗透

扩散,即原子或分子的迁移现象。扩散的本质是原子依靠热运动从一个位置迁移到另一个位置。扩散是不同物质分子的自动混合,由于气体分子具有很大迁移性,因此气体中的扩散是最快的。

由于浓度梯度引起的扩散称为化学扩散,由于热振动而产生的扩散称为自扩散。扩散的结果就是消除了物体内部化学势或电化学梯度,达到体系内组分浓度的均匀分布或平衡。

渗透是液体或气体分子迁移穿过多孔壁。渗透也可以称为单侧扩散。

第二章 热力学基础及能量形式

温度是粒子因其热运动而具有的平均动能的量度。在热力学上，温度是可以用温度计测量的参数。热力学温度 T 的单位是开尔文 K，是 SI 的基本单位。温度的绝对零度是 $-273.15℃$，绝对零度不可能达到。

第一节 热力学相关概念

一、线性膨胀和体积膨胀

在加热时，分子振动的振幅会增加，它们会占据更大的空间。对于钢筋、电线或管道，加热时则主要发生线性膨胀。

由于物体的体积膨胀，其密度随温度升高而降低。在特定温度范围内，水是例外。当温度从 0℃ 升高到 4℃ 时，水的密度增加。随着温度的进一步升高，水的密度降低，因此水在 4℃ 时的密度最大。

二、阿蒙顿定律

阿蒙顿定律是 1702 年由法国物理学家阿蒙顿（Amontons, Grillaume）发现的。它指出，封闭在固定空间中的理想气体的压力 p 随着温度的升高而增加，即温度每升高 1K，压力增加 0℃ 时压力的 $\frac{1}{273.15}$。该定律也适用于低压下真实气体。

三、普适气体常数

普适气体常数，符号 R，是表征理想气体性质的一个常数，由于这个常数对于满足理想气体条件的任何气体都是适用的，故称普适气体常数，亦称通用气体常数，理想气体常数，或称摩尔气体常数。通常，$R=8.314\text{J}/(\text{mol}\cdot\text{K})$。

四、气体临界常数

临界温度是指在这个温度之上，无论加多大的压力都不能使气体液化的温度。临界压力是指气体在临界温度时所需的最低压力。临界摩尔体积是指 1mol 气体在临界温度、临界压力下的体积,可以由临界密度来计算。

五、功

系统与环境之间交换的能量有两种形式,即功和热。一般说来,做功的结果是系统的状态发生了改变。功的符号为 W,单位为 J。规定 $W>0$ 时,系统得到环境所做的功;$W<0$ 时,环境得到系统所做的功。

在物理化学中,功分为体积功和非体积功。体积功是在一定的环境压力下,系统的体积发生变化而与环境交换的能量,如图 2-1 所示。除了体积功以外的一切其他形式的功,如电功、表面功等统称为非体积功。

一般来说,无论是单纯 p-V-T 变化、相变化还是化学变化,只有系统中有气相存在,系统的体积发生明显的变化时才计算体积功。

因为功不是状态函数,所以不能说系统的某一状态有多少功;只有当系统进行一过程时才能说过程的功等于多少。

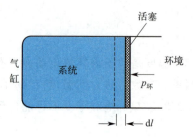

图 2-1 体积功示意图

六、热与热力学能

由于系统与环境之间温度的不同,导致两者之间交换的能量称为热,热的符号为 Q,单位为 J。当系统温度低于环境温度时,系统吸热,$Q>0$;当系统温度高于环境温度时,系统放热,$Q<0$。和功一样,热也不是状态函数。只有系统进行某一过程时,才与环境有热交换。

英国物理学家詹姆斯·普雷斯科特·焦耳(James Prescott Joule)从 1840 年起做了大量实验,表明系统具有一个反映其内部能量的函数,这一函数值只取决于始末状态,这个函数就是热力学能,也称为内能,符号为 U,单位为 J。若始态时系统的热力学能值为 U_1,末态时热力学能值为 U_2,则在绝热情况下

$$\Delta U = U_2 - U_1 = W_{(Q=0)} \tag{2-1}$$

式(2-1)中,$W_{(Q=0)}$ 代表绝热过程中的功,式(2-1)为热力学能的定义式。

热力学研究宏观静止的系统,不涉及系统整体的势能和整体的动能。

七、热容与比热容

当一系统由于加一微小的热量 δQ 而温度升高 dT 时,$\delta Q/dT$ 这个量即热容。热容的符号为 c,单位为 J/K,公式如下:

$$c = \delta Q / dT \tag{2-2}$$

热容分为定压热容 c_p 和定容热容 c_v,分别为式(2-3)、式(2-4)。

$$c_p = \frac{\delta Q_p}{dT} = \left(\frac{\partial H}{\partial T}\right)_p \tag{2-3}$$

$$c_V = \frac{\delta Q_V}{dT} = \left(\frac{\partial U}{\partial T}\right)_V \tag{2-4}$$

热容是广度量，与物质的数量有关。因为压力的改变对凝聚态物质摩尔定压热容的影响非常小，在压力与标准压力相差不大时压力对热容的影响完全可以忽略。单位质量的某种物质温度升高 1K 时所需的热能即为比热容。

八、载热体与燃烧热

在工业生产中，除了工艺流体之间的热量交换，还需要外来的加热介质和冷却介质与工艺流体进行热交换。加热介质和冷却介质统称载热体。载热体有许多种，应根据工艺流体温度的要求，选择一合适的载热体。载热体的选择可参考下列几个原则：温度必须满足工艺要求；温度容易调节；腐蚀性小，不易结垢；不分解，不易燃；价廉易得；传热性能好。

燃烧热 Q_B 是一定量的燃料燃烧时产生的能量。热值 H 表示燃烧完成时每单位质量或体积的燃料释放的热量。两者关系如下：

$$Q_B = Hm \quad \text{或者} \quad Q_B = HV \tag{2-5}$$

九、热传递过程

根据热量传递机理的不同，有三种基本热传递方式：**传导**、**对流**、**辐射**。

物体中各点温度不随时间变化的热量传递过程，称为稳态传热；反之，则称为非稳态传热。稳态传热时，在同热流方向上的传热速率为常量。连续生产中的传热过程，多为稳态传热；而在开车、停车以及改变操作条件时，所经历的传热过程，则为非稳态传热。

冷、热流体通过间壁的传热过程，由对流、传导、对流三个过程串联而成。即热流体以对流方式将热量传递到间壁的一侧壁面；热量从间壁的一侧壁面以传导方式传递到另一侧壁面；最后以对流方式将热量从壁面传给冷流体。

十、蒸气压曲线

蒸气是物质的气相，气体定律不适用于饱和蒸气。气体和蒸气之间的主要区别是：气体不与气体中的物质发生直接相互作用，温度或压力的微小变化也不会使气体液化；而蒸气可以与其液相或固相相互作用，通过温度或压力的微小变化可使其冷凝。

蒸气压力是在密闭系统中液体与其蒸气处于平衡时产生的压力。如果液体上方的蒸气压力等于外部压力（大气压），则已达到沸点。

当蒸气达到一定的最大压力时液体能够蒸发，然后处于平衡状态，这时的压力称为"饱和压力"。如果没有足够的液体可用于蒸发，则将无法达到饱和压力，蒸气处于不饱和状态。饱和蒸气过热后会变得不饱和，变为过热蒸气。上述规律可以用平衡图（蒸气压曲线）表示。

根据蒸气总压相对于理想情况下的偏差程度，真实液态混合物可以分成四种类型。

① 具有一般正偏差的系统，如苯-丙酮系统，见图 2-2。图中下面两条虚线为按拉乌尔定律计算的两个组分的蒸气分压值，最上面一条虚线为按拉乌尔定律计算的蒸气总压

值；图中三条实线各为相应的实验值。

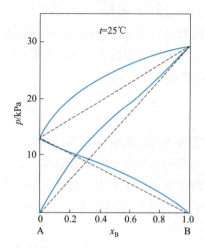

图 2-2　苯（A）-丙酮（B）系统的蒸气压与液相组成关系（一般正偏差）

② 具有一般负偏差的系统，如氯仿-乙醚系统，见图 2-3。
③ 具有最大正偏差的系统，如甲醇-氯仿系统，见图 2-4。
④ 具有最大负偏差的系统，如氯仿-丙酮系统。

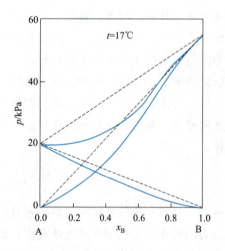 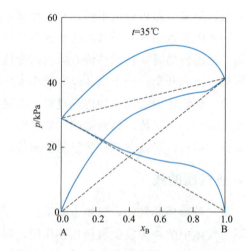

图 2-3　氯仿（A）-乙醚（B）系统的蒸气压与液相组成的关系（一般负偏差）　　图 2-4　甲醇（A）-氯仿（B）系统的蒸气压与液相组成的关系（最大正偏差）

第二节　热力学定律

一、等温、等压和等容气体定律

对于"一定质量的某种气体，在温度不太低、压强不太大的情况下"，气体三定律，指的是等温的波义耳定律、等容的查理定律、等压的盖-吕萨克定律。

波义耳（Boyle）定律：在物质的量和温度恒定的条件下，气体的体积与压力成反比，即

$$pV = 常数（n, T 一定） \tag{2-6}$$

查理定律指出，一定质量的气体，当其体积一定时，它的压强与热力学温度成正比。即

$$p_1/T_1 = p_2/T_2 \tag{2-7}$$

盖-吕萨克（Gay-Lussac）定律：在物质的量和压力恒定的条件下，气体的体积与热力学温度成正比，即

$$V/T = 常数（n, p 一定） \tag{2-8}$$

阿伏伽德罗（Avogadro）定律：在相同的温度、压力下，1mol 任何气体占有相同体积，即

$$V/n = 常数（T, p 一定） \tag{2-9}$$

二、理想气体状态方程

将上述式(2-6)、式(2-8)、式(2-9) 三个经验定律相结合，整理可得到如下的状态方程：

$$pV = nRT \tag{2-10}$$

式(2-10) 称为**理想气体状态方程**。式中，p 为压力，Pa；V 为体积，m^3；n 为物质的量，mol；T 为温度，K；R 为摩尔气体常数，经过实验测定其值为 8.314kJ/(kmol·K)。

三、热力学第一定律

热力学第一定律是在人类长期生产经验和科学实验的基础上于 19 世纪中叶确立的。迈尔（Julius Robert Mayer）和焦耳做了重要贡献，他们独立的研究得出了相同的结论。

热力学第一定律的本质是能量守恒定律。它表示系统的热力学状态发生变化时系统的热力学能与过程的热和功的关系。实验表明，系统从同样始态达到同样的末态，既可通过绝热过程与环境交换功，又可通过无功过程与环境交换热来实现，而且两者 ΔU 在数值上相等，即

$$\Delta U = U_2 - U_1 = W_{(Q=0)} \tag{2-11}$$

及

$$\Delta U = U_2 - U_1 = Q_{(W=0)} \tag{2-12}$$

式中，$Q_{(W=0)}$ 代表无功过程的热。热力学第一定律还可表述为：第一类永动机是不可能造成的。

四、物态变化

系统内性质完全相同的均匀部分称为相，不同的均匀部分属于不同的相，相与相之间有界面隔开，原则上可以用机械的方法使其相互分开。例如液态水和水蒸气共存，液态水是一相，水蒸气是另一相，系统内共两相。

系统中的同一种物质在不同相之间的转变称为相变化。相变前的始态通常是热力学平

衡态，当条件发生变化时，系统内发生相变化，达到新的平衡态即末态。相变热在量值上等于相变焓。

第三节　能量的形式

一、机械能

机械能体现为动能和势能的形式。旋转体的动能是旋转能。在任何过程中能量既不会产生也不会消失，只会由一种形式的能量转换为另一种形式。

二、相变热

（1）在蒸发一种液体时必须将其加热到沸点，之后消耗蒸发热 $Q_{蒸发}$。

（2）要冷凝（液化）蒸气，必须将蒸气冷却到冷凝温度并吸走蒸气的冷凝热 $Q_{冷凝}$。冷凝热与等量液体蒸发时所需的蒸发热 $Q_{蒸发}$ 相等。

（3）在液化一种固体时，必须将固体加热到熔点，然后消耗熔化热 $Q_{熔化}$。

（4）要凝固一种液体，必须吸走其凝固热 $Q_{凝固}$。凝固热与等量物质熔化时所需的熔化热 $Q_{熔化}$ 相等。

三、电能

1. 不同类型的电流

（1）直流电　由不同的电池供电。电流总是沿一个方向流动并且具有恒定的电流强度。在化学工业中，直流电用于驱动小型直流电机或者进行电解。

（2）交流电　电流在快速的周期性变化中改变其大小和方向，单位是赫兹（Hz），1Hz＝每秒振荡1次。

（3）三相交流电　也称为三相电流或者动力电流。在三个载流电缆中，频率为50Hz的电流以正弦的节律连续改变其大小和方向。用于运行三相电动机，以及大功率的设备和机器。

2. 电能的应用

电气工程在每个化工厂中都存在。电是最通用的能源，在现场可用来产生动能、超压和低压、热和冷、反应能量和光。

① 提供动能。用于电流的磁力作用，并且在技术上可用的机器是电动机，以旋转能量的形式提供动能。

② 热效应。电流流过导电材料时会产生热量，焊接电极和熔化物之间的电弧中的电流也会产生热量。电弧可以产生最高3000℃的温度。

③ 化学效应。利用电流的化学还原作用，通过电解获得轻金属铝。还可利用电流的

化学作用来电镀。

④ 光效应。通过流动的电流将白炽灯丝加热到大约 2500℃，并且发出光线。

四、化学能

化学反应总是与能量转换有关。由于各种化学键的键能不同，所以当化学键发生改组时，必然伴随着能量的变化，伴随体系与环境的能量交换；旧化学键的破坏需要吸收能量，而新的化学键的形成则将放出能量。在一个化学变化的历程中，如果放出的能量大于吸收的能量，则将有能量向环境释放。反之，如果放出的能量低于吸收的能量，则需从环境中吸收能量，才能维持化学变化的顺序进行。

五、能量转换

根据能量守恒定律，能量既不能产生也不能消失，只能将一种能量转换为另一种能量。如在火力发电厂中，电能的"产生"是热量转化的，热量的"产生"是化学能转化的。电能作为二级能源可以特别容易地转换成其他形式的二级能量，例如热量、光能和机械能。

第三章 固体、液体和气体的储存和输送

第一节 固体、液体和气体的存储设备

化工生产会涉及不同形态的物料,需要设立对应的储存区,这样可以保证化工厂持续供应所需的原料免受损坏或者影响。根据待储存物质的状态,储存区可以分为:固体物质仓库、液体储罐区以及气体和液化气体储存容器。

一、固体储存

1. 露天仓库

最简单的露天仓库是料堆,一个没有界线的室外料堆。但是,大多数室外存储区域都被混凝土地基和较矮的土墙包围,并且配有一个装卸装置。料堆的倾斜度由倾斜角决定。在露天仓库中,只能存储不受天气影响的物质,例如矿石、煤炭或者砾石。

2. 标准仓库

标准仓库中储存的物料可免受风、雨、雪、霜和阳光照射的影响。温度波动较小,因此可以存储敏感的散状物料,例如肥料或者盐。

3. 料仓

通常在料仓中进行自由流动的非结块散状物料的临时存储和最终存储。料仓是直立的圆柱形储存容器,有向下的锥形出口。通过输送带从上面装料,并且在重力作用下向下卸料,如图 3-1 所示。料仓可以单独或者连排布置。物料可直接在运输车辆、容器或者输送带上进行卸载。架桥现象可能会堵塞料仓,应设置足够大的出料口和出料辅助装置。

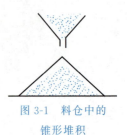

图 3-1 料仓中的锥形堆积

4. 松散的粉状物料的流动特征

如果散状物料经受强烈的振动、强烈搅拌或者受到压缩空气的作用,则会消除颗粒物彼此之间的内摩擦力以及与装置侧壁的黏附力,从而具有类似中等黏稠液体的流动特征。

物料颗粒尺寸越小，流动性越好。利用其流动特性，可以使用气力输送固体物料，吸送式如图 3-2 所示，压送式如图 3-3 所示。

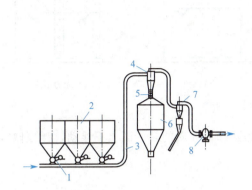 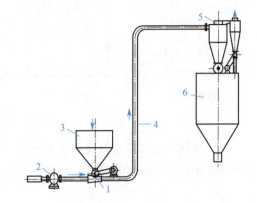

图 3-2　吸送式气力输送系统图

1—回转式给料器；2—料斗；3—输料管；4—一级分离器；
5—排料器；6—料仓；7—二级分离器；8—风机

图 3-3　压送式气力输送系统图

1—回转式给料器；2—风机；3—料斗；4—输料管；
5—分离器；6—料仓

5. 高架仓库

化工厂中的包装物料是指盛装粉末和颗粒物状、散状物料的纸袋或者箔袋，以及盛装最多 100L 液体产品的桶，大桶直立存放或者堆叠摆放，较小的包装物料常常被组成易于处理的存储单位。这些存储单位由装载辅助工具和包装物料构成。常用的装载辅助工具是袋子、纸箱以及桶。

高架仓库可存放大量不危险的包装物料，具有较大的存储容量，占地面积相对较小，结构高度可达 30m，通过叉车在储存仓库中装卸物料。

二、液体储存

储罐，是一种最典型的化工容器，除储存作用外，还用作计量。储罐一般由筒体、封头、支座、法兰及各种开孔接管组成。按形状可分为立式圆筒储罐、卧式圆筒储罐、球形储罐（即球罐），如图 3-4 所示。

(a) 立式圆筒储罐　　　　　　　(b) 卧式圆筒储罐　　　　　　　(c) 球罐

图 3-4　储罐的形状

1. 立式圆筒储罐

立式圆筒储罐又分为固定顶储罐、浮顶储罐两大类，由于制造较容易，应用最为广泛。

（1）固定顶储罐　固定顶储罐的罐顶形状如图 3-5 所示，大型罐的罐壁常由不同厚度的钢板以对接方式连接成整体，壁板厚者在底部，向上厚度递减，主要用于储存数量较大的液体介质。小型罐壁板厚度一般相同。应用最多的是拱顶罐。

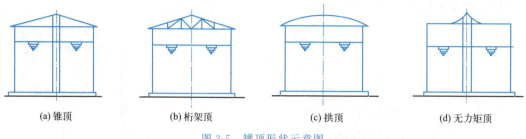

(a) 锥顶　　(b) 桁架顶　　(c) 拱顶　　(d) 无力矩顶

图 3-5　罐顶形状示意图

（2）浮顶储罐　浮顶储罐的顶不固定，而是随罐内介质的多少而上下浮动，浮顶储罐分为外浮顶储罐、内浮顶储罐，如图 3-6 所示。

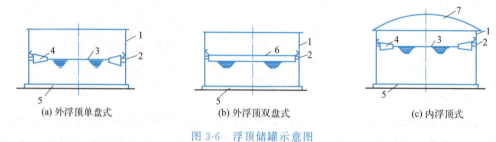

(a) 外浮顶单盘式　　(b) 外浮顶双盘式　　(c) 内浮顶式

图 3-6　浮顶储罐示意图

1—罐壁；2—密封装置；3—浮盘；4—浮船；5—罐底；6—双浮盘；7—拱顶

外浮顶储罐的浮顶是一个漂浮在储液表面上的浮动顶盖，随着储液的输入输出而上下浮动，浮顶与罐壁之间有一个环形密封装置，使罐内液体在顶盖上下浮动时与大气隔绝，采用外浮顶罐储存油品时，可比固定顶罐减少油品蒸发损失 80% 左右。

内浮顶储罐可以看成是带罐顶的浮顶罐，外部为拱顶，内部为浮顶。外部的固定顶能有效地防止风、沙、雨、雪或灰尘的侵入，内浮盘漂浮在液面上，液体无蒸气空间，可减少蒸发损失 85%~96%；特别适合于储存高级汽油和喷气燃料及有毒的石油化工产品。但其钢板耗量比较多，施工要求高，维修不便，不易大型化。

2. 卧式圆筒储罐

卧式圆筒储罐容量较小、承载能力变化范围宽，在各种工艺条件下都能使用。大型卧式储罐用于储存容量小且压力不太高的液化气和液体；小型卧式储罐主要作为中间成品罐和各种计量罐、冷凝罐使用。

3. 球形储罐

如图 3-7 所示，球罐容量大、承载能力强、节约钢材、占地面积小、基础工程量小、介质蒸发损耗少，但制造安装技术要求高、焊接工程量大、制造成本高。故适用于储存容量较大且压力较高的液体。

图 3-7　球罐

4. 储罐的选用

（1）储存介质的性质是选择储罐形式的重要因素

① 通常取大气环境最高温度时介质的饱和蒸气压作为其最高工作压力，根据最高工作压力初步选择储罐类型。一般情况下，圆筒形储罐和球罐可以承受较高的储存压力，而立式平底筒形储罐的承压能力较差。

② 介质的密度将直接影响载荷的分布与罐体应力的大小。

③ 介质的腐蚀性将直接影响制造工艺与设备造价。

④ 介质的毒性则直接影响设备制造与管理的等级和安全附件的配置。

⑤ 介质的黏度与冰点直接关系到存储设备的运行成本。

（2）储存量的大小是选择储罐形式的依据　单台立式圆筒储罐（非平底形）的容积一般不宜大于 $20m^3$；卧式圆筒储罐的容积一般不宜大于 $100m^3$；当总的储存容量超过 $100m^3$ 但小于 $500m^3$ 时，可以选用几个卧式罐组成一个储罐群，也可以选用一个或两个球罐；当总容量大于 $500m^3$，且储存压力较高时，建议选用球罐或球罐群；若是常压储存，且储存容量较大时（$>100m^3$）选用外浮顶罐或内浮顶罐；若需要适当加热储存，宜选用固定顶罐。

此外还需考虑储存场地的位置、大小和地基承载能力。

三、气体储存

此处主要介绍气体的压缩储存。

1. 储存少量至中等数量的气体

容量为 50L 的圆柱形压缩气体钢瓶常用于储存少量气体。压力气瓶易于操作，便于运输，因此可在较多地方使用。通过涂色以及印章和/或危险品标签，标记压缩空气钢瓶中的气体。

2. 储存中等数量的气体

储存在立式或者水平布置的圆柱形钢制压缩气体容器中。

3. 储存大量气体

大量气体储存在由焊接钢板制成的球形压缩气体罐中。在相同的最大压力下，球形压力容器壁厚仅为圆柱形压力容器壁厚的一半。

压力容器必须配备一个安全阀或爆破片，设立与其他设备部件的最小距离。在保护区域内，不允许有点火源，附近应准备适当的灭火装置。

4. 低压储气罐

盘形气罐是一个立式的钢瓶，高度为 20～30m。其中有可垂直移动的圆盘密封在容器壁上，圆盘通过其重量压在储存的气体上，并且产生输送气体所需的压力。

5. 钟形气罐

由一个 20m 高，向下开口的圆柱形钢制容器组成，该容器位于水池中用水密封。气体泵入容器时，气罐从水池底部升起。气罐通过自身的重量压在储存的气体上并且产生一个气压。

6. 储存液化气体

液化气体储存在压缩气体罐中。液化气体以液体形式存在，上面有压力气垫。气体液态时占据的体积很小，因此可以在压缩气体罐中储存大量的气体。

第二节　液体的输送

一、液体输送的物理基础

1. 流量

流量是指单位时间内流过管道任一截面的流体量。体积流量符号为 V_s，m^3/s；质量流量符号为 ω_s，kg/s。两者之间的关系为

$$\omega_s = V_s \rho \tag{3-1}$$

2. 流速

流速是指单位时间内流体在流动方向上所流过的距离，符号为 u，m/s。管道内流速沿径向方向各不相同，故流体的流速通常是指整个管道截面上的平均流速，其表达式为

$$u = \frac{V_s}{A} \tag{3-2}$$

式中，A 是指与流动方向相垂直的管道截面积，m^2。对于圆形管道，截面积 A 计算公式为

$$A = \frac{\pi}{4} d^2 \tag{3-3}$$

3. 流量检测

通常把测量流量的仪表称为流量计。流量的检测方法有很多，所对应的检测仪表种类也很多，如表 3-1 所示。

表 3-1　流量检测仪表种类

流量检测仪表种类		检测原理	特点	用途	
差压式	孔板流量计 喷嘴流量计 文丘里流量计	基于节流原理，利用流体流经节流装置时产生的压力差而实现流量测量	已实现标准化，结构简单，安装方便，但差压与流量为非线性关系	适用于管径>50mm，低黏度、大流量、清洁的液体、气体和蒸汽的流量测量	
转子式	玻璃管转子流量计 金属管转子流量计	基于节流原理，利用流体流经转子时，截流面积的变化来实现流量测量	压力损失小，检测范围大，结构简单，使用方便，但需垂直安装	适于小管径、小流量的流体流量测量，可进行现场指示或信号远传	
容积式	椭圆齿轮流量计 皮囊式流量计 旋转活塞流量计 腰轮流量计	采用容积分界的方法，转子每转一周都可送出固定容积的流体，可利用转子的转速来实现测量	精度高、量程宽、对流体的黏度变化不敏感，压力损失小，安装使用较方便，但结构复杂，成本较高	测小流量、高黏度、不含颗粒和杂物、温度不太高的流体流量	液体 气体 液体 液体、气体

续表

流量检测仪表种类		检测原理	特点	用途
靶式流量计		利用叶轮或涡轮被液体冲转后,转速与流量的关系进行测量	安装方便,精度高,耐高压,反应快,便于信号远传,需水平安装	可测脉动,洁净、不含杂质的液体的流量
电磁流量计		利用电磁感应原理来实现流量测量	压力损失小,对流量变化反应速率快,但仪表复杂、成本高、易受电磁场干扰,不能振动	可测量酸、碱、盐等导电液体溶液以及含有固体或纤维的流体流量
旋涡式	旋进旋涡型	利用有规则的旋涡剥离现象来测量流体的流量	精度高、范围广、无运动部件、无磨损、损失小、维修方便、节能好	可测量各种管道中的气体和蒸气的流量
	卡门旋涡型			
	间接式质量流量计			

(1) 转子流量计 转子流量计由一个截面积自下而上逐渐扩大的锥形玻璃管构成,管内装有一个由金属或其他材料制作的转子,如图3-8所示。流体自底部流入,经过转子与玻璃管间的环隙,由顶部流出。转子流量计的节流面积是随流量改变的,而转子上下游的压差是恒定不变的,因此也称为变截面型流量计。转子流量计的读数在出厂前一般用一定条件下的空气或水标定,当用于测量其他流体流量或条件变化时,必须对原刻度进行校正。

(2) 孔板流量计 孔板流量计是由管路中安装一片中央带有圆孔的板构成的,孔板两侧连接上U形管压差计,如图3-9所示。孔板流量计的孔板两侧压差是随流量改变的,但其节流面积不变,因此也称为变压差型流量计。

孔板流量计安装在水平管段中,前后要有一定的稳定段。

(3) 文丘里流量计 如图3-10所示,它是由一段逐渐缩小和一段逐渐扩大的管子加上U形管压差计组成的,其测量原理与孔板流量计相似。

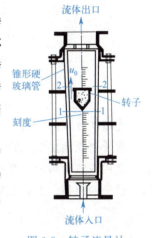

图3-8 转子流量计

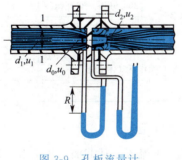

图3-9 孔板流量计

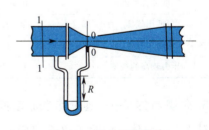

图3-10 文丘里流量计

流量计的实操练习结合工作页任务1——液体物料输送操作。

4. 连续性方程

设流体在如图3-11所示的管路中做连续稳态流动,从截面1-1流向截面2-2,若在管路两截面间无流体漏损，根据质量守恒定律，从截面 1-1 流入的流体质量流量 ω_{s1} 等于截面 2-2 流出的流体质量流量 ω_{s2}，即可得式(3-4)，推导可得式(3-5)、式(3-6)。

$$\omega_{s1}=\omega_{s2} \tag{3-4}$$

则有 $\quad V_{s1}\rho_1=V_{s2}\rho_2 \tag{3-5}$

即 $\quad u_1 A_1 \rho_1 = u_2 A_2 \rho_2 \tag{3-6}$

对于不可压缩流体、圆管，可得

$$\frac{u_1}{u_2}=\left(\frac{d_2}{d_1}\right)^2 \tag{3-7}$$

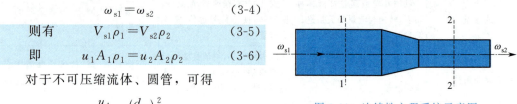

图 3-11 连续性方程系统示意图

式(3-4)~式(3-7)均称为**连续性方程**，即在稳定流动系统中，流体流过不同大小的截面时，其流速与管径的平方成反比。

式(3-4)~式(3-7)中 ω_{s1}、ω_{s2}——截面 1-1 和截面 2-2 处流体的质量流量，kg/s；

u_1、u_2——截面 1-1 和截面 2-2 处流体的流速，m/s；

A_1、A_2——截面 1-1 和截面 2-2 处的流通截面积，m²；

ρ_1、ρ_2——截面 1-1 和截面 2-2 处流体的密度，kg/m³；

V_{s1}、V_{s2}——截面 1-1 和截面 2-2 处流体的体积流量，m³/s；

d_1、d_2——截面 1-1 和截面 2-2 处的管内径，m。

连续性方程的应用——管子的选用：

管子要既满足生产的安全要求，又要经济合理，凡是能用低一级的，就不要用高一级的；能用一般材料的，就不选用特殊材料。管径根据式(3-8)估算，选择流速后，即可初算出管子的内径，工业上常用流速范围可参考表 3-2。

$$d=\sqrt{\frac{4V_s}{\pi u}}=\sqrt{\frac{V_s}{0.785u}} \tag{3-8}$$

表 3-2 某些流体在管道中的常用流速

流体的种类及状况	流速范围/(m/s)	流体的种类及状况		流速范围/(m/s)
水及一般液体	1~3	饱和水蒸气	303.9kPa~890.4kPa	40~60
黏度较大的液体	0.5~1		303.9kPa 以下	20~40
低压气体	8~15	过热水蒸气		30~50
易燃易爆的低压气体(如乙炔等)	<8	真空操作下气体流速		<10
压力较高的气体	15~25			

5. 伯努利方程——连续稳态流动操作系统的能量守恒

对于 1kg 流体，如图 3-12 系统所示，流体从截面 1-1 流入，从截面 2-2 流出，该系统的能量包括：位能 (gz)、动能 ($u^2/2$)、压能 (静压能：p/ρ)、泵的外加能量 (W_e)、阻力损失能量 ($\sum h_f$)，单位均为 J/kg。

在截面 1-1 和截面 2-2 之间做能量衡算，可得**伯努利方程**

$$gz_1+\frac{u_1^2}{2}+\frac{p_1}{\rho}+W_e=gz_2+\frac{u_2^2}{2}+\frac{p_2}{\rho}+\sum h_f \tag{3-9}$$

若将式(3-9)各项均除以重力加速度 g，则各种单位质量流体的能量可以用流体柱高度表示，即：

$$z_1+\frac{u_1^2}{2g}+\frac{p_1}{\rho g}+H_e=z_2+\frac{u_2^2}{2g}+\frac{p_2}{\rho g}+\sum H_f \quad (3\text{-}10)$$

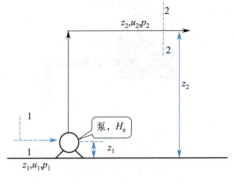

图 3-12 伯努利方程系统示意图

式中 z_1、z_2——分别是截面 1-1、截面 2-2 的高度，m；

u_1、u_2——分别是截面 1-1、截面 2-2 的流体流速，m/s；

p_1、p_2——分别是截面 1-1、截面 2-2 的静压力，kPa；

W_e——系统内输送机械提供给单位质量流体的外加能量，J/kg；

H_e——系统内输送机械提供给单位质量流体的外加能量，称为外加压头，$H_e=W_e/g$，m；

$\sum h_f$——单位质量流体损失的能量，J/kg；

$\sum H_f$——单位质量流体损失的能量，也叫损失压头，$\sum H_f=\sum h_f/g$，J/N（可略写为 m）。

当流体静止时，流速为零，设其上表面的压力为 p_0，距液面任意距离 h 处作用于其上的压力为 p，则可表示为

$$\frac{p-p_0}{\rho g}=h \quad (3\text{-}11)$$

说明压力差的大小可以用一定高度的液体柱来表示。

以静力学基本方程为依据，用于测量压力或压力差时的测量仪器统称为液柱式压差计，典型的是 U 形管压差计。

伯努利方程可用于：确定设备之间的相对位置、确定管路中流体的流速或流量、确定流体流动所需的压力、确定流体流动所需的外加机械能。

6. 流体流动类型

(1) 雷诺实验装置　如图 3-13 所示。通过实验可观察到，在流体流速不大时，流体质点仅沿与管轴平行的方向作直线运动，流体分为若干层平行向前流动，质点之间互不混合，称其为层流（或滞流），如图 3-14(a) 所示。

在速度增加后，流体质点除了沿管轴方向向前流动外，还有径向脉动，各质点的速度在大小和方向上都随时发生变化，质点互相碰撞和混合，称其为湍流（或紊流），如图 3-14(b) 所示。

(2) 流体在圆管内的速度分布　由于流体本身的黏性以及管壁的影响，流体在圆管内流动时，在管道的任意截面上，各点的速度沿管径而变，管壁处速度为零，离开管壁以后速度逐渐增加，到管中心处速度最大。理论分析和实验测定都已表明，层流和湍流时圆管内的速度分布曲线如图 3-15 所示。

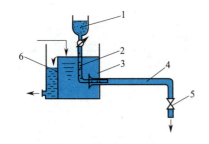
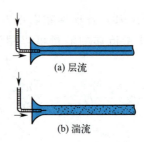

图 3-13　雷诺实验装置图　　　　　　　　图 3-14　流动状态图

1—小瓶；2—细管；3—水箱；4—水平玻璃管；
5—阀门；6—溢流装置

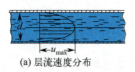
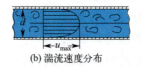

图 3-15　圆管内速度分布

湍流时管壁处的速度等于零，即靠近管壁的流体仍作层流流动，称为层流内层或层流底层。自层流内层往管中心推移，速度逐渐增大，出现了既非层流流动亦非完全湍流流动的区域，这个区域称为缓冲层或过渡层，再往中心才是湍流主体。层流内层的厚度随雷诺数 Re 值的增加而减小。

（3）雷诺数 Re　通过雷诺实验分析可知，影响流体流动状态的因素不仅有流速 u，还有管径 d、流体的黏度 μ 和密度 ρ，这些影响因素的关系可用雷诺数表征，如式(3-12) 所示：

$$Re = \frac{du\rho}{\mu} \tag{3-12}$$

式中　Re——雷诺数，是无量纲数群；

d——流体流经管路的内径，非圆形管道采用当量直径 d_e；$d_e = 4 \times$ 流通截面积/润湿周边长度，m；

u——流体的流速，m/s；

ρ——流体的密度，kg/m³；

μ——流体的黏度，Pa·s。

实验证明：

① $Re \leqslant 2000$ 时，流体流动状态为层流，此区称为层流区；

② $Re \geqslant 4000$ 时，一般出现湍流，此区称为湍流区；

③ $2000 < Re < 4000$ 时，流动可能是层流，也可能是湍流，该区称为不稳定的过渡区。

但流动类型只有两种：层流与湍流。

7. 流体流动过程的阻力

流体的黏性是产生流体流动阻力的内因，而固体壁面（管壁或设备壁）促使流体内部产生相对运动（即产生内摩擦），因此壁面及其形状等因素是流体流动阻力产生的外因。克服这些阻力需要消耗一部分能量，这一能量即为伯努利方程中的 $\sum h_f$ 项。

流体流动阻力分为直管阻力和局部阻力两类。

直管阻力 h_f（单位为 J/kg）是指流体流经一定管径的直管时，由于流体的内摩擦而产生的阻力，其计算通式为 范宁公式，如式(3-13) 所示：

$$h_f = \lambda \frac{l}{d} \times \frac{u^2}{2} \tag{3-13}$$

式中　l——直管长度，m；
　　　d——管子的内径，m；
　　　u——流体的流速，m/s；
　　　λ——摩擦系数。

局部阻力是指流体在流经管路的进口、出口、弯头、阀门、扩大或缩小等局部位置时，其流速大小和方向都发生了变化，且流体受到干扰或冲击，使涡流现象加剧而损失的能量。

流体在管路中的总阻力为直管阻力和局部阻力之和。

直管阻力的测定练习结合工作页任务 1——液体物料输送操作。

8. 管道特征曲线

管道中的压力损失以及局部阻力中的压力损失随着流速 u 的增加而变大，总压力损失也随之变大，通常根据体积流量 V_s 说明总压力损失。

9. 管道中的压力变化

这里的压力是指流动液体中的总压力。它由静态压力和动态压力组成。

在泵的入口接管中，进气短管吸入液体存在真空；在泵中产生压力，压力通过管道驱动液体，在泵的出口处压力升高；在第一个直管件中，压力略微下降，因为液体由于管路内壁的流动阻力而受到压力损失；然后液体流过调节阀，这里出现强烈的压降，因为液体偏转并且压出阀座的开口；而在弯头和孔板中出现明显的压降；在管道的末端，液体自由地流入容器中，这里液体中的压力等于容器内的压力。

二、管路与阀门

化工管路是化工生产中所涉及的各种管路形式的总称，将化工机器与设备连在一起，从而保证流体能从一个设备输送到另一个设备，是化工生产装置不可缺少的部分。

化工管路主要由管子、管件、阀门及辅件构成。

1. 化工管路的标准化

化工生产中输送的流体介质多种多样，介质性质、输送条件和输送流量各不相同，因此化工管路也必须各不相同，以适应不同输送任务的要求。工程上，为了避免杂乱、方便制造与使用，有了化工管路的标准化。

化工管路的标准化是指：制定化工管路主要构件（包括管子、管件、阀门、法兰、垫片等）的结构、尺寸、连接、压力等的实施标准的过程。其中，压力标准与直径标准是制定其他标准的依据，也是选择管子、管件、阀门、法兰、垫片等的依据，已由国家标准详细规定，使用时可查阅有关资料。

2. 管子

生产中使用的管子按管材不同可分为金属管、非金属管和复合管。金属管主要有铸铁管、钢管（含合金钢管）和有色金属管等；非金属管主要有陶瓷管、水泥管、玻璃管、塑料管、橡胶管等；复合管指的是金属与非金属两种材料复合得到的管子，最常见的形式是衬里管，衬里管是为了满足成本、强度和防腐的需要，在一些管子的内层衬以适当材料（如金属、橡胶、塑料、搪瓷等）而形成的。随着化学工业的发展，各种新型耐腐蚀材料不断出现，如有机聚合物材料等，非金属材料管正在越来越多地替代金属管。

管子的规格通常是用"Φ 外径×壁厚"来表示，如 Φ38mm×2.5mm，表示此管子的外径是 38mm，壁厚是 2.5mm。但也有些管子是用内径来表示其规格的，管子的长度主要有 3m、4m 和 6m，有些可达 9m、12m，但以 6m 最为普遍。

3. 管件

化工生产中的管件类型很多，如图 3-16 所示。管件是用来连接管子、改变管路方向或直径、接出支路或封闭管路的附件总称。一种管件能起到上述作用中的一个或多个。

（1）改变管路的方向 如图 3-16(a)～图 3-16(d) 所示，通常将其统称为弯头。

（2）连接支管 如图 3-16(e)～图 3-16(i) 所示。通常将其统称为"三通""四通"。

（3）连接两段管子 如图 3-16(j)～图 3-16(l) 所示。其中图 3-16(j) 称为外接头，俗称为"管箍"；图 3-16(k) 称为内接头，俗称为"对丝"；图 3-16(l) 称为活接头，俗称为"由任"。

（4）改变管路的直径 如图 3-16(m)、图 3-16(n) 所示，通常把前者称为大小头，后者称为内外螺纹管接头，俗称为"内外丝"或"补芯"。

（5）堵塞管路 如图 3-16(o)、图 3-16(p) 所示，分别称为丝堵和盲板。

管件和管子一样，也是标准化、系列化的，选用时必须和管子的规格一致。

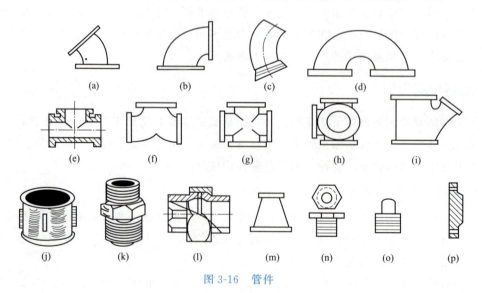

图 3-16 管件

4. 阀门

阀门是用来开启管路、关闭管路、调节流量及控制安全的机械装置，化工生产中，通过阀门可以调节流量、系统压力、流动方向，从而确保工艺条件的实现与安全生产。

（1）阀门的型号　阀门的种类与规格很多，为了便于选用，规定了工业管路使用阀门的标准，对阀门进行了统一编号。

例如，有一阀门的铭牌上标明其型号为 Z941T-1.0K，则说明该阀为闸阀、电动、法兰连接、明杆楔式单闸板，阀座密封面的材料为铜合金，公称压力为 1.0MPa，阀体材料为可锻铸铁。

（2）阀门的类型　阀门的种类按启动力的来源分为他动启闭阀和自动作用阀。

① 他动启闭阀。有手动、气动和电动等类型，表 3-3 介绍了几种常见的化工他动启闭阀。

表 3-3　常见的他动启闭阀

种类	旋塞阀，又叫考克	截止阀	闸阀
用途	用于输送含有沉淀和结晶及黏度较大的物料	用于蒸汽、压缩空气和真空管路，但不能用于沉淀物，易于析出结晶或黏度较大、易结焦的料液管路中，此阀尺寸较小，耐压不高	用于大直径的给水管路、压缩空气管路、真空管路、低压气体管路，不能用于介质中含沉淀的管路，很少用于蒸汽管路

② 自动作用阀。当系统中某些参数发生变化时，自动作用阀能够自动启闭。

a. 安全阀。安全阀能根据工作压力自动启闭，从而将管道设备的压力控制在某一数值以下，主要用在蒸汽锅炉及高压设备上。

b. 减压阀。减压阀是为了降低管道设备的压力，并维持出口压力稳定的一种机械装置，常用在高压设备上。

c. 止回阀。止回阀也称止逆阀或单向阀，是在阀的上下游压力差的作用下自动启闭的阀门。其作用是使介质按一定方向流动而不会反向流动。

d. 疏水阀。疏水阀是一种自动间歇排除冷凝液，并能自动阻止蒸汽排出的机械装置。

弹簧式安全阀结构原理

止回阀介绍

偏心旋转阀结构

气动调节阀结构

三通球阀的结构

旋塞阀的结构

止回阀的结构

(3) 阀门的选用　本着"满足工艺要求、安全可靠、经济合理、操作与维护方便"的基本原则选择阀门。

对双向流的管道，应选用无方向性的阀门，如闸阀、球阀、蝶阀等；对只允许单向流的管道，应选止回阀；对需要调节流量的地方多选截止阀；对要求启闭迅速的管道，应选球阀或蝶阀；对要求密封性好的管道，应选闸阀或球阀；对受压容器及管道，视其具体情况设置安全阀；对各种气瓶应在出口处设置减压阀；蒸汽加热设备及蒸汽管道上应设置疏水阀。

(4) 阀门的维护　阀门工作情况直接关系到化工生产的好坏与优劣。

① 保持清洁与润滑良好，使传动部件灵活动作。
② 检查有无渗漏，如有渗漏及时修复。
③ 安全阀要保持无挂污与无渗漏，并定期校验其灵敏度。
④ 注意观察减压阀的减压效能，若减压值波动较大，应及时检修。
⑤ 阀门全开后，必须将手轮倒转少许，以保持螺纹接触严密、不损伤。
⑥ 电动阀应保持清洁及接点的良好接触，防止水、气和油的沾污。
⑦ 露天阀门的传动装置必须有防护罩，以免受大气及雨雪的浸蚀。
⑧ 要经常测听止逆阀阀芯的跳动情况，以防止掉落。
⑨ 做好保温与防冻工作，应排净停用阀门内部积存的介质。
⑩ 及时维修损坏的阀门零件，发现异常及时处理。

阀门的实操练习结合工作页任务 1——液体物料输送操作。

三、离心泵

流体输送机械在化工生产中称为动设备，是容易出现危险、发生事故的设备。由于输送任务不同、流体种类多样、工艺条件复杂，流体输送机械也是多种多样的，可以根据用途命名，或者根据泵的材料命名。如按工作原理分类，见表 3-4。

表 3-4　流体输送机械

流体	离心式	容积式		流体作用式
		往复式	旋转式	
液体	离心泵、旋涡泵	往复泵、隔膜泵、计量泵、柱塞泵	齿轮泵、螺杆泵、轴流泵	喷射泵、酸贮槽空气升液器
气体	离心通风机、离心鼓风机、离心压缩机	往复压缩机、往复真空泵、隔膜压缩机	罗茨通风机、液环压缩机、水环真空泵	蒸气喷射泵、水喷射泵

单级立式离心泵

计量泵

多级锅炉给水离心泵

尽管流体输送机械多种多样,但都必须满足以下基本要求:
① 满足生产工艺对流量和能量的需要;
② 满足被输送流体性质的需要;
③ 结构简单、价格低廉、质量小;
④ 运行可靠,维护方便,效率高,操作费用低。

选用时应综合考虑,全面衡量,其中最重要的是满足流量与能量的要求。

在多种液体输送设备中,离心泵最传统、应用最为广泛,是我们学习和掌握各种类型泵的基础。

1. 离心泵的结构

离心泵是依靠高速旋转的叶轮对液体做功的机械,结构如图 3-17 所示。

图 3-17 离心泵结构图

泵的吸入口在泵壳中心,与吸入管路连接,吸入管路的末端装有底阀,用以开车前灌泵或停车时防止泵内液体倒流回贮槽,也可防止杂物进入管道和泵壳。泵的排出口在泵壳的切线方向,与排出管路相连接,排出管上装有调节阀,用以调节泵的流量。

离心泵最主要的构件是泵壳和叶轮。

(1) 叶轮 叶轮一般有 6～12 片后弯形叶片,可分为闭式、半闭式和敞开式三种,如图 3-18 所示。敞开式和半闭式适用于输送含有固体颗粒的悬浮液,敞开式叶轮的液体易从泵壳和叶片的高压区侧面通过间隙流回低压区和叶轮进口处,产生回泄,效率较低。闭式或半闭式叶轮,由于离开叶轮的高压液体可进入叶轮后盖板与泵体间的空隙处,使盖板后侧也受到较高压力作用,而叶轮前盖板的吸入口附近为低压,故液体作用于叶轮前后两侧的压力不等。为减小轴向推力,可在叶轮后盖板上钻一些小孔(称为平衡孔),使一部分高压液体漏向低压区,以减小叶轮两侧的压力差,如图 3-19 所示。

(a) 敞开式

(b) 半闭式

(c) 闭式

图 3-18 叶轮

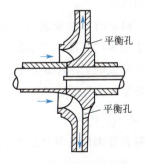

图 3-19 平衡孔

(2) 泵壳 泵壳内有一个截面逐渐扩大的蜗壳形状的通道。泵内的流体从叶轮边缘高速流出后在泵壳内作惯性运动,越接近出口,流道截面积越大,流速逐渐降低,根据机械能守恒原理,减少的动能转化为静压能,从而使液体获得高压,并因流速的减小降低了流动能量损失。所以泵壳不仅是一个汇集由叶轮流出的液体的部件,而且也是一个能量转换构件。

(3) 轴封装置 泵轴与泵壳之间的密封称为轴封,其作用是防止高压液体从泵壳内沿轴外漏,或者空气以相反方向漏入泵内低压区。常见的轴封装置有填料密封(图3-20)和机械密封两种。

2. 离心泵的工作原理

在泵启动前,先用被输送的液体把泵灌满(称为灌泵)。启动后,泵轴带动叶轮高速旋转。充满叶片之间的液体也跟着旋转,在离心力作用下,液体从叶轮中心被抛向叶轮边缘,使液体静压能、动能均提高。

液体从叶轮外缘进入泵壳后,由于泵壳中流道逐步加宽,液体流速变慢,将部分动能转化为静压能,致泵出口处液体的压强进一步提高,如图3-21所示,于是液体以较高的压强从泵的排出口进入排出管路,输送到所需场所。

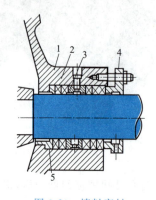

图3-20 填料密封

1—填料函壳;2—软填料;3—液封圈;
4—填料压盖;5—内衬套

图3-21 泵体内液体流动情况

当泵内液体从叶轮中心被抛向外缘时,在中心处形成低压区,由于贮槽液面上方的压强大于吸入口处的压强,在压强差的作用下,液体便经吸入管路连续地被吸入泵内,以补充被排出的液体。

离心泵启动时,如果泵壳与吸入管路没有充满液体,则泵壳内存有空气。由于空气的密度远小于液体的密度,产生的离心力小,叶轮旋转时从叶轮中心甩出的液体少,因而叶轮中心处所形成的低压不足以将贮槽内的液体吸入泵内,此时虽启动离心泵也不能输送液体,此种现象称为气缚。

3. 离心泵装置

离心泵装置由配备驱动装置的泵和驱动泵所需的附加装置组成。如图3-22所示。

4. 离心泵的主要性能参数

为便于人们了解,制造厂在每台泵上都附有一块铭牌,其上列出的各种参数值,都是以20℃的清水为介质、在一定转速下测定的且效率为最高条件下的参数。当使用条件与实验条件不同时,某些参数需进行必要的修正。

(1) 流量 Q　流量是指泵在单位时间里排出液体的体积流量,又称泵的送液能力,单位为 m^3/s 或 m^3/h。

(2) 扬程 H　扬程是指泵对单位质量流体所提供的有效机械能量,单位为 J/N 或 m。对于一定的泵而言,流量越大,扬程越小。泵的扬程与管路无关,目前只能用实验测定。

(3) 轴功率 N　轴功率是泵轴所需的功率。当泵直接由电机带动时,即为电动机传给泵轴的功率,单位为 J/s 或 W。

有效功率 N_e 是指单位时间内液体从泵中叶轮获得的有效能量,由于有能量损失,所以泵的轴功率大于有效功率,即

$$N_e = QH\rho g \tag{3-14}$$

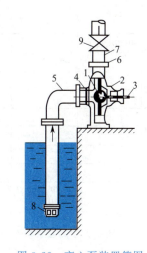

图 3-22　离心泵装置简图
1—叶轮;2—泵壳;3—泵轴;
4—吸入口;5—吸入管;6—排出口;
7—排出管;8—底阀;9—调节阀

式中　Q——泵的流量,m^3/s;

　　　H——泵的扬程,m;

　　　ρ——被送液体的密度,kg/m^3;

　　　g——重力加速度,m/s^2。

(4) 总效率 η　在离心泵运转过程中有一部分高压液体流回泵的入口,甚至漏到泵外,必然要消耗一部分能量。液体流经叶轮和泵壳时,流体流动方向和速度的变化以及流体间相互撞击等,也要消耗一部分能量;此外,泵轴与轴承和轴封之间的机械摩擦等还要消耗一部分能量。因此,轴功率不可能全部传给流体而成为流体的有效功率。工程上通常用总效率 η 反映能量损失的程度,即

$$\eta = \frac{N_e}{N} \tag{3-15}$$

一般小型泵总效率为 50%~70%,大型泵可达 90% 左右。

离心泵单泵操作的实操练习结合工作页任务 1——液体物料输送操作。

5. 离心泵的特性曲线

(1) 特性曲线　通常通过实验测出 H-Q、N-Q 及 η-Q 关系,并用曲线表示,称为特性曲线,如图 3-23 所示,它是确定泵的适宜操作条件和选用泵的重要依据。不同形式的离心泵,特性曲线不同,对于同一泵,当叶轮直径和转速不同时,特性曲线也是不同的,故特性曲线图左上角通常注明泵的形式和转速。尽管不同泵的特性曲线不同,但它们具有以下的共同规律:

H-Q 曲线:流速越大,系统中的能量损失越大,扬程越小。

N-Q 曲线:流量越大,泵所需功率越大。当 $Q=0$ 时,所需功率最小。因此,离心泵启动时应将出口阀关闭,使电机功率最小,待完全启动后再逐渐打开阀门,这样可避免因启动功率过大而烧坏电机。

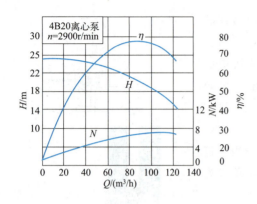 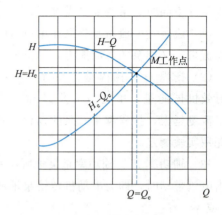

图 3-23　离心泵特性曲线　　　　　　　图 3-24　离心泵的工作点

η-Q 曲线：该曲线表明泵的效率开始时随流量增大而升高，达到最高之后，则随流量的增大而降低。泵在最高效率相对应的流量及扬程下工作最为经济，所以与最高效率点对应的 Q、H、N 值称为最佳工况参数。实际生产条件下，一般取最高效率左右 92% 范围内为泵的最佳工况区。

（2）离心泵的工作点　对于给定的管路系统，输送任务 Q_e 与完成任务需要的外加压头 H_e 之间存在特定关系，它所描述的曲线称为管路特性曲线。

如果把泵的特性曲线和管路特性曲线描绘在同一坐标系中，可看出两条曲线相交于一点，该点被称为离心泵的工作点，如图 3-24 所示。

离心泵性能曲线的测绘实操练习结合工作页任务 1——液体物料输送操作。

（3）离心泵的流量调节　在实际生产中，当工作点流量和压头不符合生产任务要求时，必须进行工作点调节。

① 改变管路特性。在实际操作中改变离心泵出口管路上的流量调节阀门开度就可改变泵的流量。此法方便灵活、应用广泛，对于流量调节幅度不大且需要经常调节的系统是较为适宜的。

② 改变泵的特性。对同一离心泵改变其转速或叶轮直径可使泵的特性曲线发生变化，从而使其与管路特性曲线的交点移动。此法不会额外增加管路阻力，但显然不如改变转速简便，因此常用改变转速来调节流量。

6. 影响离心泵性能的主要因素

（1）液体性质的影响　泵的轴功率与输送液体的密度、黏度均有关。

（2）转速的影响　离心泵的特性曲线是在一定转速下测定的，但在实际使用时常遇到要改变转速的情况，此时泵的扬程、流量、效率和轴功率也随之改变。

（3）叶轮直径的影响　当泵的转速一定时，其扬程、流量与叶轮直径有关。

7. 离心泵的类型

由于化工生产中被输送液体的性质、压力、流量等差异很大，为了适应各种不同生产要求，离心泵的类型也是多样的，常以一个或几个汉语拼音字母作为系列代号。

(1) 水泵　凡是输送清水以及物理、化学性质类似于水的清洁液体，都可以用水泵。IS 型水泵为单级单吸悬臂式离心水泵的代号，应用最为广泛，其结构如图 3-25 所示。它只有一个叶轮，结构可靠、振动小、噪声小。

若工艺要求的扬程较高而流量并不太大时，可采用多级泵，如图 3-26 所示。在一根轴上串联多个叶轮，因液体从几个叶轮中多次接收能量，故可达到较高的扬程。国产的多级泵系列代号为 D。

若输送液体的流量较大而所需的扬程并不高时，则可采用双吸泵。双吸泵的叶轮有两个入口，如图 3-27 所示。双吸离心泵系列代号为 Sh。

(2) 耐腐蚀泵（F 型）　当输送酸、碱等腐蚀性液体时应采用耐腐蚀泵，其主要特点是和液体接触的部件用耐腐蚀材料制成，耐腐蚀泵的系列代号为 F。

图 3-25　IS 型离心泵　　　　图 3-26　多级离心泵　　　　图 3-27　双吸式离心泵

(3) 油泵（Y 型）　输送石油产品等低沸点料液的泵称为油泵。基本要求是密封好，对轴封装置和轴承等进行良好的冷却。国产油泵系列代号为 Y。

(4) 杂质泵（P 型）　输送悬浮液及稠厚的浆液等常用杂质泵。系列代号为 P，叶轮流道宽，叶片数目少，有些泵壳内衬以耐磨的铸钢护板。

8. 离心泵的选用

离心泵的选用，一般可按下列的方法与步骤进行：
① 确定输送系统的流量与扬程，选泵时应按最大流量考虑。
② 根据被输送液体的性质和操作条件确定泵的类型与型号。
③ 核算泵的轴功率，以合理选用电机。

9. 泵的互联

在实际生产中，当单台离心泵不能满足输送任务要求时，应采用离心泵的并联或串联操作。

(1) 离心泵的并联　将两台型号相同的离心泵并联操作，两台泵的扬程与单泵相同，总流量为两台泵的流量之和。如图 3-28 所示，图中Ⅰ线为单泵的特性曲线，Ⅱ线为两台泵并联的特性曲线。从图中可知，其并联时的流量比单泵操作时增大了，但达不到单泵流量的两倍。

(2) 离心泵的串联　若将两台型号相同的离心泵串联操作，两台泵的流量与单泵相同，总扬程为每台泵的扬程之和。如图 3-29 所示，图中Ⅰ线为单泵特性曲线，Ⅱ线为两台泵串联的特性曲线。由图可见，两台泵串联操作的总扬程必低于单泵扬程的两倍。

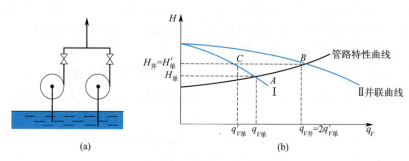

图 3-28 泵的并联操作

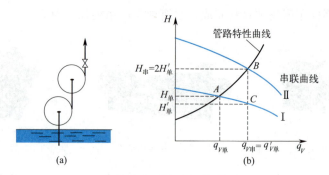

图 3-29 泵的串联操作

离心泵串并联的操作实操练习结合工作页任务 1——液体物料输送操作。

10. 离心泵的安装高度

(1) 离心泵的允许吸上高度　离心泵的允许吸上高度又称为允许安装高度，是指泵的吸入口与吸入贮槽液面间可允许达到的最大垂直距离，以 H_g 表示，可通过伯努利方程确定。

(2) 离心泵的汽蚀　由离心泵的工作原理可知，在离心泵叶轮中心附近形成低压区，叶轮中心附近的最低压强等于或小于输送温度下液体的饱和蒸气压时，液体就在该处发生汽化并产生气泡，随同液体从低压区流向高压区，气泡在高压的作用下，迅速凝结或破裂，瞬间周围的液体即以极高的速度冲向原气泡所占据的空间，在冲击点处形成很高的瞬间局部冲击压力。泵体振动并产生噪声，叶轮表面开始疲劳，出现点蚀或裂缝，这种现象称为离心泵的汽蚀现象。

为了避免产生汽蚀现象，要求叶片入口附近的最低压强必须维持在某一值以上，通常是取输送温度下液体的饱和蒸气压作为最低压强。为安全起见，离心泵的实际吸上高度即安装高度应比允许安装高度低 0.5～1m。

(3) 防止汽蚀的措施

① 降低泵的安装高度，可提高泵入口处的压力。

② 减少不必要的管件、缩短吸液管的长度、增大管径，均可以减少管路阻力。

③ 降低输送液体的温度。

11. 离心泵的使用

离心泵是化工设备中最常用的泵。它可以处理低等至中等输送高度（压力）下相对较大的输送流量。通常，它可以满足化工设备中所需的输送工作，比其他类型的泵拥有更少的磨损位置。

启动离心泵必须按照以下顺序进行：在泵中注入液体→关闭压力闸阀→打开抽吸闸阀→启动电动机→慢慢打开压力闸阀，直到达到最大输送流量。

关闭离心泵应按照以下顺序进行：慢慢关闭压力闸阀→关闭电动机→关闭抽吸闸阀。泵的不正确启动或者关闭都会损坏泵和设备。

四、活塞泵

活塞泵，属于容积式泵。通过一个往复活塞输送液体，它可以交替地增加和减少泵的工作空间。

1. 往复活塞泵

往复活塞泵有一个活塞，可在泵的工作空间中往复运动。如图 3-30 所示，有一个自动打开式和自动关闭式阀门。在抽吸行程中，活塞向右移动，在泵腔中产生低压，吸入管路的阀门打开，液体泵入泵室。在压力行程中，泵室中产生超压，压力侧的阀门打开，吸入侧阀门关闭活塞将流体推入压力管路中。

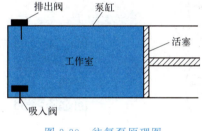

图 3-30 往复泵原理图

单级往复泵工作原理

活塞泵是自吸式的，主要用于在非常高的输送压力下输送较小的流量，也可用作计量泵。输送介质中不应有污染物或者固体颗粒物。

2. 活塞隔膜泵

活塞隔膜泵专门用于输送腐蚀性液体或含有悬浮物的液体。它用弹性薄膜将泵分隔成不连通的两部分，被输送的液体位于隔膜一侧，柱塞位于另一侧，彼此不相接触，隔膜作往复运动，使另一侧被输送的液体经阀门吸入或排出。

气动隔膜泵

五、回转泵

1. 双螺杆泵

双螺杆泵有两个螺旋形、非接触式相互啮合的输送轴，它们以相反的方向在壳体中旋转，如图 3-31 所示。它们与壳体重新形成连续的、抽吸侧关闭的螺旋腔室。螺旋输送器在抽吸侧获得输送液体，封闭在螺旋腔室中并且从抽吸侧输送到压力侧。双螺杆泵可用于输送黏度较大的物料。

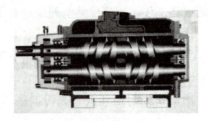

图 3-31 双螺杆泵原理图

单螺杆泵

2. 齿轮泵

齿轮泵的结构如图 3-32 所示，泵壳内有两个齿轮，一个由电机直接带动，称为主动轮，另一个靠与主动轮相啮合而转动，称为从动轮。两齿轮与泵壳间形成吸入与排出两个空间。当齿轮按图中所示的箭头方向旋转时，吸入空间内两齿轮的齿互相拨开，形成了低压而吸入液体，然后分为两路沿壳壁被齿轮嵌住，并随齿轮转动而达到排出空间。排出空间内两齿轮的齿互相啮合，于是形成高压而将液体排出。

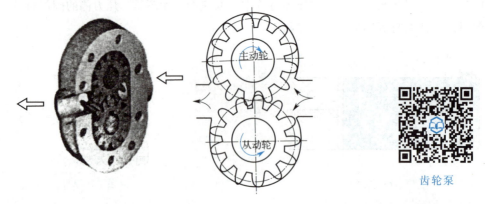

图 3-32 齿轮泵

齿轮泵

齿轮泵通常是小型泵，输送流量较低，对输送液体中的硬固体颗粒敏感。主要用于输送中度至高度黏性液体。

3. 回转泵

回转泵有两个互相啮合的旋转活塞，如图 3-33 所示，在旋转过程中封闭抽吸侧的液体，并且将其输送到压力侧。转子的外轮廓彼此啮合并且在任何旋转位置均可将压力侧与吸力侧隔绝。旋转活塞泵是自吸式的，可以在两个方向上运行。广泛适用于高黏性和高浊度的液体。

4. 蠕动泵

在蠕动泵中，固定在旋转臂上的两个或者三个旋转辊，按压泵壳中圆形的高弹性塑料软管。通过挤压软管，包围一定体

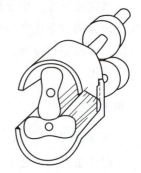

图 3-33 两叶直齿回转泵

积的液体并且通过辊的循环从抽吸侧输送到输送侧。输送的液体在软管中,与泵组件没有接触。适用于腐蚀性和有毒液体,也适用于无菌液体。

5. 旋涡泵

旋涡泵是一种特殊类型的离心泵,如图 3-34 所示,由泵壳与叶轮组成。泵壳的吸入口与排出口之间设有隔离壁,隔离壁与叶轮间的缝隙很小,使泵内分隔为吸入腔与压出腔,如图 3-35 所示。适于输送量小、压头高而黏度不大的液体,且输送液体不能含有固体颗粒。

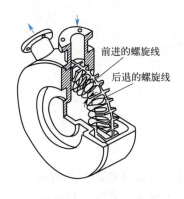

图 3-34 旋涡泵

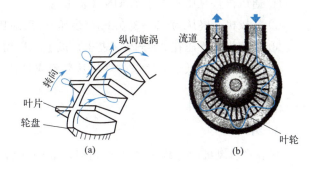

图 3-35 旋涡泵原理图

六、喷射泵

液体喷射泵,也称为推进剂泵,如图 3-36 所示。由带有内部喷嘴的扩散管组成。在喷嘴中,按压推进物,并且从膨胀扩散管中的内部喷嘴高速排出。它携带这里的输送液体并且将其输送至膨胀的扩散管中。

在内部喷嘴的出口处,由于高流速产生低压使泵从抽吸管路中抽吸输送液体。在扩散管的出口处,由于经过膨胀的管路,液体混合物流速降低,因此在混合物中形成了一个静态压力。

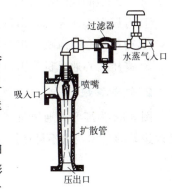

图 3-36 水蒸气喷射泵

喷射泵送料的操作实操练习结合工作页任务 2——气体物料输送操作。

第三节 气体的输送

一、气体输送的物理基础

气体可以根据压力、温度的变化改变其体积。用三个可变的状态参数体积 V、压力 p 和温度 T 描述质量为 m 的气体部分的物理状态。如果气体部分的某个状态参数发生变化,则其他状态参数也会改变。通过气体状态方程，描述了状态变化的定律。

气体输送的物理基础可参考第一章第二节理想气体、真实气体部分，在此不再赘述。

气体输送机械的作用与液体输送设备类似，都是对流体做功，以提高流体的压力。气体输送机械在化工生产中应用十分广泛，主要用于：输送气体、产生高压气体、产生真空。

由于气体的可压缩性，输送机械内部的气体压力变化的同时，体积和温度都随之变化。气体输送机械可按其终压（出口气体的压力）或压缩比（出口与进口气体绝对压力的比值）来分类。

① 通风机，终压不大于15kPa（表压）；
② 鼓风机，终压为15~300kPa（表压），压缩比小于4；
③ 压缩机，终压在300kPa（表压）以上，压缩比大于4；
④ 真空泵，将低于大气压的气体从容器或设备内抽至大气中。

二、离心式通风机

1. 结构

离心式通风机的结构与离心泵相似，如图3-37所示，但通风机的叶轮直径比较大，叶片的数目比较多，机壳内逐渐扩大的通道及出口截面常为矩形。其工作原理与离心泵完全相同。根据所产生风压的大小，离心式通风机可分为：

① 低压离心通风机，出口风压低于1kPa（表压）；
② 中压离心通风机，出口风压为1~3kPa（表压）；
③ 高压离心通风机，出口风压为3~15kPa（表压）。

2. 性能参数

图3-38为离心式通风机特性曲线示意图。由于气体通过风机的压力变化较小，在风机内运动的气体视为不可压缩。

图3-37 离心式通风机

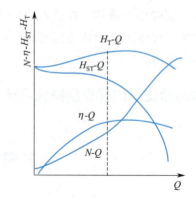

图3-38 离心式通风机特性曲线示意图

① 风量Q是单位时间内从风机出口排出的气体体积，单位为m^3/h或m^3/s。
② 全风压H_T是单位体积的气体流过风机时所获得的能量，单位J/m^3或Pa。由于

H_T 的单位与压力的单位相同,故称为风压。

离心通风机的风压一般通过测量风机进、出口处气体的流速与压强,按伯努利方程来计算。性能表上的风压,一般都是在 20℃、常压下以空气为介质测得的,若实际的操作条件与上述的实验条件不同,应进行校核。

③ 轴功率与效率。离心通风机的轴功率为

$$N = \frac{H_T Q}{1000\eta} \tag{3-16}$$

式中　N——轴功率,kW;

　　　Q——风量,m³/s;

　　　H_T——风压,Pa;

　　　η——效率,因按全风压定出,故又称为全压效率。

3. 设备的选用

其选择步骤为:

① 根据工艺条件计算风压。

② 根据所输送气体的性质与风压范围,确定风机类型。

③ 根据以风机进口状态计的实际风量与实验条件下的风压选择合适的机型。

④ 核算轴功率。

三、鼓风机

1. 离心鼓风机

离心鼓风机又称涡轮鼓风机,如图 3-39 所示,工作原理与离心通风机相同,结构类似于多级离心泵。离心式鼓风机的蜗壳形通道为圆形,但外形直径与厚度之比较大,叶轮上叶片数目较多,转速较高,叶轮外周都装有导轮。气体由吸气口进入后,经过第一级的叶轮和导轮,然后转入第二级叶轮入口,再依次通过以后所有的叶轮和导轮,最后由排出口排出。由于在离心鼓风机中,气体的压缩比不高,所以无需冷却装置,各级叶轮的直径也大体相等。

图 3-39　离心式鼓风机

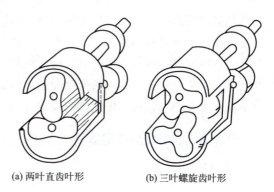

(a) 两叶直齿叶形　　(b) 三叶螺旋齿叶形

图 3-40　罗茨鼓风机转子结构

2. 罗茨鼓风机

其工作原理与齿轮泵相似。如图3-40所示，机壳内有两个渐开摆线形的转子，两转子的旋转方向相反，可使气体从机壳一侧吸入，从另一侧排出。转子与转子、转子与机壳之间的缝隙很小，使转子能自由运动而无过多泄漏。

四、压缩机

1. 往复式压缩机

其基本结构和工作原理与往复泵相似，如图3-41所示。但是，气体密度小，具有可压缩性，压缩后温度升高，体积变小。压缩循环过程包括四个阶段：压缩阶段、排气阶段、膨胀阶段和吸气阶段，如图3-42所示。

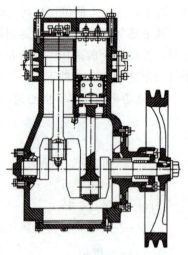

图3-41 往复式压缩机

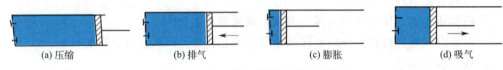

图3-42 单动往复压缩机的压缩循环

压缩比：压缩机各段出口压力和进口压力的比值。当生产过程的压缩比大于8时，因压缩造成的升温会导致吸气无法完成或润滑失效或润滑油燃烧。因此，当压缩比较高时常采取多级压缩，以提高气缸容积利用率，减少功率消耗。

2. 离心式压缩机

离心压缩机常称为透平压缩机，也称涡轮压缩机，如图3-43所示，是进行气体压缩的常用设备。其主要结构、工作原理都与离心鼓风机相似，只是离心压缩机的叶轮级数多，可在10级以上，转速较高，故能产生更高的压力。由于气体的压缩比较高，体积变化就比较大，温度升高也较显著，因此，离心压缩机常分成几段，每段包括若干级，叶轮直径与宽度逐段缩小，段与段之间设置中间冷却器以免气体温度过高。

离心压缩机具有流量大、供气均匀、体积小、机体内易损部件少、可连续运转且安全可靠、维修方便、调节方便、机体内无润滑油污染气体等一系列优点，但也存在着制造精度要求高、不易加工、给气量变动时的压强不稳定、负荷不足时效率显著下降等缺点。近年来在化工生产中，离心压缩机的应用日趋广泛。

压缩机送料的操作实操练习结合工作页任务2——气体物料输送操作。

3. 螺杆压缩机

螺杆压缩机有两个倾斜啮合的螺杆转子，它们在一个紧密封闭的壳体中一起旋转。主转子有四个凸起的螺旋齿，从动件通过齿轮传动六个螺杆齿隙。

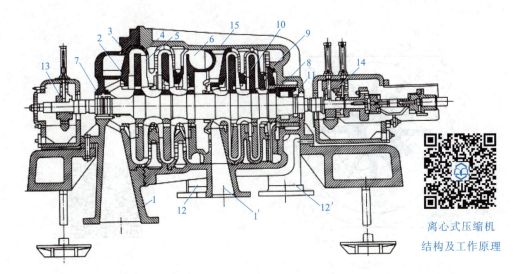

图 3-43 离心式压缩机结构图

1、1′—吸入室；2—叶轮；3—扩压器；4—弯道；5—回流器；6—蜗壳；7、8—前、后轴封；9—级间密封；10—叶轮进口密封；11—平衡盘；12、12′—排出管；13—径向轴封；14—径向推力轴承；15—机壳

由于转子的旋转，在抽吸侧，主转子和从动转子螺杆齿隙填充有待压缩的气体。继续旋转时，主转子的螺旋齿进入通过气体填充的配合螺杆齿隙中，这里压缩封闭的气体并且将其输送到压力侧，然后压入压力管路中。

4. 旋叶式压缩机

旋叶式压缩机也称为旋转单元压缩机，拥有一个偏心地布置在壳体中的旋转活塞。在活塞周围有槽，内嵌可移动密封条。活塞旋转时，密封条被离心力压到壳体壁上，形成相互密封的单元。常用于较小流量的气体输送。

五、真空技术

在真空技术中分为三个真空范围：
低真空：绝对剩余压力为 1013mbar 至 1mbar。
中真空：绝对剩余压力为 1mbar 至 10^{-3} mbar。
高真空：绝对剩余压力为 10^{-3} mbar 至 10^{-6} mbar。
在化学工业中主要使用低真空和中真空。

（1）水环真空泵　如图 3-44 所示，它的外壳呈圆形，壳内偏心地装有叶轮，叶轮上有辐射状叶片，泵壳内约充有一半容积的水，泵启动后，叶轮顺时针方向旋转，水被叶轮带动形成水环密封，使叶片间形成大小不同的密封单元。叶轮右侧密封单元渐渐扩大，压力降低，气体从吸入口吸入，叶轮左侧的密封单元渐渐缩小，压力升高，气体从排出口排出。

水环真空泵结构简单、紧凑，易于制造和维修，使用寿命长、操作可靠。适用于抽吸含有液体的气体。但效率很低，所产生的真空度受泵内水温的控制。

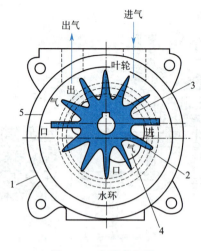

图 3-44 水环真空泵

1—外壳；2—叶轮；3—水环；
4—吸入口；5—压出口

水环真空泵工作原理

（2）往复真空泵　基本结构和工作原理与往复压缩机相同，只是真空泵在低压下工作，汽缸内外压差很小，所用阀门必须更加轻巧，启闭方便。在真空泵汽缸两端之间设置一条平衡气道，在活塞排气终了时，使平衡气道短时间连通，以降低残余气体的压力，减小余隙的影响。

（3）喷射泵　喷射泵是利用流体流动时静压能转换为动能而造成的真空。在化工生产中常用于抽真空，故又称为喷射真空泵。

喷射泵的工作流体可以是蒸气，也可以是液体。工作蒸气以很高的速度从喷嘴喷出，在喷射过程中，蒸气的静压能转变为动能，产生低压，而将气体吸入。吸入的气体与蒸气混合后进入扩散管，使部分动能转变为静压能，而后从压出口排出。由于抽送液体与工作流体混合，其应用范围受到一定的限制。

（4）螺杆真空泵　在螺杆真空泵中，行程变窄时，两个螺旋转子以非接触方式相互旋转，并且与壳体共同形成从真空侧至排出口的圆形腔室。该泵运行时无振动、噪音低，可与水蒸气和冷凝物相容，适用于泵送大量气体和大型真空容器。

（5）涡轮分子泵　涡轮分子泵是一种高速多级涡轮机，转速最大每分钟70000转，拥有配备多个转子叶片环的转子，以及在壳体上交替固定的导向叶片。

六、节能措施

泵与风机的主要节能措施如下：

① 减少管道阻力。

② 采用高效节电泵与风机，淘汰低效老式泵与风机。

③ 正确选择泵与风机的电机的功率，防止"大马拉小车"现象。

④ 生产中，采用调速装置调节流量和风量。

⑤ 生产中，使泵与风机在效率较高的区域运转。

第四节　固体的输送

在化工生产中，固体物料以散状物料或者单件物料的形式存在。将粉末状、颗粒状或者小块不规则几何形状的固体颗粒物称为散状物料。化学工业中的典型散状物料有结晶、小颗粒肥料、盐、塑料颗粒、岩粉（水泥工业）以及食品工业中的谷物、糖、盐、面粉等。输送机的任务是将散状物料运输到生产设备中的所需位置。根据工作方式，可分为连续输送机和间歇输送机。

在石油化工行业中，与液体、气体物料相比较，固体物料的用量和种类都较少，因此本节只介绍常用的固体物料输送设备。

1. 皮带输送机

皮带输送机也称为输送带，是散状物料和包装物料的最常用的输送设备。它是一个由纺织品或者钢丝增强橡胶制成的环形输送带，该输送带在辊上运行。由电动机驱动的驱动辊使输送带移动。

2. 链带输送机

链带输送机有一个钢制链带作为输送元件，在驱动星型轮和夹紧星型轮上进行圆周运行。特别适用于运输重型、粗糙、锋利边缘和热的散状物料。

3. 刮板输送机

刮板输送机也称为槽链式输送机，由一个配备垂直同步叶片的双链刮板链组成。刮板链围绕两个旋转中心运动，并且沿着刮槽的底部刮擦。常用于输送不规则的散状物料、黏性和结块、热和腐蚀性的散状物料。

4. 螺旋输送机

螺旋输送机由钢板制成的细长输送螺旋组成，输送螺旋由电动机驱动在一个槽中旋转。输送螺旋的钢板呈螺杆状盘绕在轴上，落入槽中的散状物料按螺旋旋转的反方向移动。适用于输送粉状和粒状散状物料以及泥浆和糊状物料。

5. 振动输送机

振动输送机由一个安装在弹簧上的振动槽和一个配有不平衡重量的电动机组成，产生振动运动。输送槽通过振动前后移动。自由流动的散装颗粒只能向前移动，因此散状物料以脉动的方式向前移动。

6. 斗式输送机

斗式输送机广泛用于在垂直或者陡峭上升的输送方向上输送散状物料。斗式输送机是一个由纺织增强橡胶制成的铰接式双皮带，配有由金属板或者塑料制成的可旋转铰接斗，该斗带在一个封闭的壳体中绕着导向辊运行。在进料站，向上打开的斗连续地填充散状物料并且通过倾翻在抛料站处排空。

7. 管式螺旋输送机

管式螺旋输送机由半刚性塑料管组成，其中柔性不锈钢输送机螺旋管通过驱动电机旋转。散状物料在料斗底部侧向滑入输送管路中，由旋转的输送机螺旋管接收并且在输送管路中向上输送。由于输送管路的灵活性，可以垂直输送、以任何倾斜角度输送，以及绕过障碍物进行输送。适用于输送难以处理、非自由流动的散状物料。

8. 配有推动输送装置的压缩空气输送设备

脉动推动输送装置配有一个双压缩空气供应的压力输送容器。主压缩空气将输送的物料压入输送管路中。脉动的二次压缩空气流使输送的物料松散并且使其可流动，这样可以以脉动的方式流过输送管路。

9. 抽吸空气输送设备

这类设备通过抽吸空气抽吸风口支管中的输送物料，并且经过输送管路到达旋风分离器。在旋风分离器里，输送物料分离出来并且通过一个螺旋输送机排出。系统中的低压不会泄漏任何灰尘，使其可以无尘工作。

10. 固体物料输送中的计量设备

散状物料通常储存在化工设备的料仓中，并且通过连续输送的计量设备取出，计量设备设置在料仓的出口处。常用的有叶轮闸门、板式计量装置、皮带计量装置、计量螺杆、配有质量流量调节装置的计量设备等。

第四章

物质的混合与粉碎

在化工生产过程中，为了满足生产工艺要求，同时需要多种物料，通常需要进行物料的混合。混合是指将两种或两种以上物料均匀混合的操作。混合的目的在于使物料组成均匀，色泽一致，以保证组分准确。固体物料需要达到一定粒度才能进入生产工艺，因此需要粉碎工艺。

第一节　分散与混合

一、混合方法与应用

通过混合，将两种或者多种不同的物质混合在一起，从而形成拥有尽可能均匀的物质分布的混合物，称为均质化。在混合物中，物质均匀分布，但它们不发生化学反应。

通过混合过程可以产生均相混合物和非均相混合物。在均相混合物中，原子和分子均匀分布。混合物不能看出单个成分。非均相混合物中，可以看出每个成分的粒径，各成分在颗粒程度上交错分布。

在化学工程中，混合可以用于生产有两种或者多种成分的中间产品或者最终产品，可以用于生产化学反应的原始混合物。通过混合，可以加速混合物中的反应过程。

通过机械搅拌，可以进行多个工艺技术操作：加热和混合液体；将固体溶解在液体中；将细粒固体颗粒物分散在液体中（悬浮）；使液体在另一种液体中呈细小液滴分布（乳化）；在液体中分布细小的气泡（分散）。

搅拌混合液体，是最常见的流程技术操作之一。可以在不同尺寸范围的容器中进行混合操作。通过围绕搅拌器轴的螺旋循环流以及整个容器填充物的垂直循环流动，完成搅拌容器中物质的大规模重新分布。

根据实用规则：物料的黏性越低，则搅拌时间越短，搅拌器循环翻转物料的速度越快。

二、溶解与分散

溶解的目的是在液体中分配固体。固体分解成最小的结构单元，即原子、离子或者分子。溶解过程有一个溶解极限。如果在饱和溶液中继续添加固体物质，则不再溶解并且保持悬浮或者漂浮在液体中。通常，在较高温度下溶解的固体比在较低温度下溶解的固体多。

分散应理解为在不能与物质溶解的液体中分布和混合固体、液体或者气体物质。分布的物质在液体中以非常小的颗粒物（微米范围内）的形式存在。得到的混合物称为分散体。

根据分布物质的聚集状态，在分散中分为乳化和悬浮：乳化的分布物质是液体，得到的混合物称为乳液或者乳浊液；悬浮液分布物质是固体，粒径小于 $1\mu m$ 时才会产生分离非常缓慢或者不会分离的稳定悬浮液，这种稳定悬浮液称为胶体。

第二节　搅拌混合工艺

一、搅拌过程

通过搅拌，可以相对较快地混合不同的液体、使颗粒状或粉状物质分散在液体中或者让可溶固体溶解在液体中。

在搅拌容器中，存在径向和轴向的重叠流动效果。

所有类型的搅拌器均会在搅拌器轴周围产生不同强度的径向流动。这是由搅拌器的旋转引起的。在搅拌器轴附近，由于搅拌器的旋转，部分液体被带动共同旋转，并且通过离心力送到外部。在搅拌容器的外部区域中，通过轴向流动将液体向上或者向下引导。轴向流动与搅拌器的类型有很大关系。

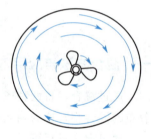

图 4-1　径向流动

使用径向搅拌器时，例如锚式搅拌器、框式搅拌器或者平直叶圆盘搅拌器，液体径向地从搅拌器流到容器壁，如图 4-1 所示。在挡板之间的容器壁处，分开液体流并且部分地向上或者向下偏转。

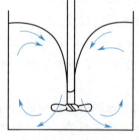

图 4-2　轴向流动

使用轴向搅拌器时，例如旋桨式搅拌器和螺带式搅拌器，在轴向产生强烈的流动，如图 4-2 所示。在搅拌器轴处，液体向下流动并且在表面上形成凹陷，称为水龙卷。在轴向搅拌器中，围绕搅拌器轴的旋转流明显小于径向搅拌器中的旋转流，主要通过轴向循环进行混合。

部分搅拌器，例如斜叶搅拌器、叶轮搅拌器和逆流搅拌器，会产生径向轴向混合流出效果。

流动类型、速度和湍流程度取决于：搅拌器类型；搅拌器的转速；搅拌器直径与容器直径之比。

二、搅拌容器

1. 搅拌釜

搅拌釜是化学工业中用于混合操作和进行分批液相化学反应的标准装置。根据操作要求，搅拌釜由非合金或者合金钢制成，经过搪瓷、包覆或者涂胶处理。由于它的通用性，搅拌釜和许多内置部件及配件是标准化的，如图4-3所示。

搅拌釜的基本部件，是配有套管以及阀门和附件的圆柱形容器，搅拌装置配有搅拌器。此外，还安装或者内置了温度计、压力表和液位计等测量设备。

容器是一个有弯曲底部和圆顶盖的圆柱形容器。用于加热的搅拌釜有双层护套或者焊接的半管。

圆顶盖中有几个开口，焊接有管接头（称为套管）。套管上设置有用于连接管道或者搅拌器的法兰。通过搅拌器套管，将搅拌器轴伸入容器中后通过轴封件密封。其他套管分布在盖子的周围，可以垂直或者倾斜排列。

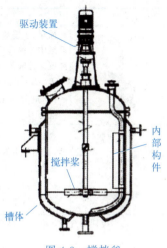

图4-3 搅拌釜

2. 搅拌装置

搅拌装置由配有电动机和传动装置的搅拌装置驱动模块，以及机架中的轴承结构、联轴器和密封件组成。

3. 搅拌器

通过搅拌器混合搅拌釜内的填充物。根据容器填充物的黏性以及所需的搅拌时间和混合工作的类型，有不同类型的搅拌器。见表4-1中所示的搅拌器类型。

表4-1 搅拌器的类型参数及应用范围

类型	特点	类型	特点
锚式搅拌器	缓慢旋转的近壁搅拌器，拥有容器的内部轮廓。搅拌器和容器壁之间的间歇狭窄。 有良好的导热性。 $d_1/d_2=0.9\sim0.95$ $v=0.5\sim5m/s$ 通过加热或者冷却混合	平直叶圆盘搅拌器	搅拌器拥有强烈的径向流出和循环效果。 $d_1/d_2=0.2\sim0.35$ $v=3\sim6m/s$ 混合、悬浮、加气
框式搅拌器	有网格的特殊形式的锚式搅拌器，改进了容器内部的搅拌效果。 慢慢搅拌，近壁。 层流混合流动。 $d_1/d_2=0.9$ $v=0.5\sim5m/s$ 通过加热或者冷却混合	斜叶搅拌器	搅拌器拥有径向和轴向流出，循环效果强。 $d_1/d_2=0.2\sim0.5$ $v=3\sim10m/s$ 混合、悬浮、均质
螺旋搅拌器	缓慢旋转的搅拌器，适用于高黏性液体，有良好的轴向循环。 $d_1/d_2=0.9\sim0.95$ $v=0.5\sim1m/s$ 混合高黏性介质	多级脉冲逆流搅拌器（MIG搅拌器）	配有多个搅拌元件的搅拌器。它由一个内片和一个外片组成，叶片位置相反。有上下方向的轴向流动。 $d_1/d_2=0.5\sim0.7$ $v=1.5\sim8m/s$ 通过加热或者冷却混合、悬浮、均质

续表

类型	特点	类型	特点
桨式搅拌器	简单、缓慢旋转的搅拌器,拥有低至中等搅拌效果,适用于中度至高度黏性液体。 $d_1/d_2=0.6\sim0.8$ $v=$最大$\sim8m/s$ 混合	旋桨式搅拌器	高速搅拌器,轴向流出效果强,循环效果强。 $d_1/d_2=0.1\sim0.5$ $v=2\sim15m/s$ 均质、悬浮
叶轮搅拌器	高速搅拌器,配有向后弯曲的叶片,适用于中低黏性的流体。 $d_1/d_2=0.4\sim0.7$ $v=4\sim12m/s$ 混合、悬浮	齿形圆盘搅拌器	主要为轴向流出的高速搅拌器。 $d_1/d_2=0.2\sim0.5$ $v=10\sim30m/s$ 有粉碎(分散)作用的均质、加气、悬浮

注:$d_1=$搅拌器直径,$d_2=$容器直径,$v=$搅拌器圆周速度

当混合固体散料时,也称为干混,将颗粒物与粉末状固体混合,得到均匀分布的混合物。混合设备分为滚筒混合器、桨式混合器和气动混合器。

液体物料的混合操作实操练习结合工作页任务 3——物料的混合操作。

第三节 粉碎工艺

一、粉碎时的应力类型

粉碎是借助机械力将大块物料破碎成适宜大小的颗粒或细粉的操作。粉碎的主要目的在于减小粒径,增加物料的表面积。通过粉碎,每单位体积的粉碎固体物质的表面积远大于原料的表面积。

固体物质的粉碎可以用于不同的用途:

① 两种物质之间反应速率的增加。

② 从固体混合物中分离成分。

③ 通过可自由流动性和更好的制备,设计便于处理的中间产品。

④ 最终产品的最终设计(温湿度调节)。通常通过机器上移动的部件,对待粉碎的颗粒物施加机械力。根据物质的特征、硬度、脆性等,通过不同的应力类型将其粉碎。如图4-4所示。被处理物料的性质、粉碎程度不同,所需施加的外力也有所不同。实际上,多数粉碎过程是上述几种作用力综合作用的结果。

粉碎过程常用的外加力有:冲击力、压缩力、剪切力、弯曲力、研磨力以及锉削力等。硬质和脆性物质通过压力、冲击或者摩擦粉碎;软质物质通过压力、摩擦和剪切或者切割粉碎;纤维物质通过切割和剪切粉碎。

二、内聚力、表面能、机械能与粉碎的关系

物质依靠本身分子间的内聚力而集结成一定形状,适当破坏物质的内聚力,即可达到

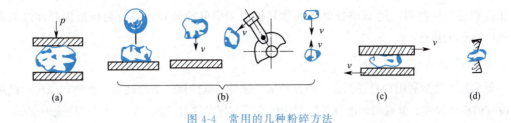

图 4-4　常用的几种粉碎方法

粉碎的目的。

固体物质经粉碎后，表面积增加，引起表面自由能的增加，不稳定，已粉碎的粉末有重新结聚的倾向。

在粉碎过程中，为使机械能尽可能有效地用于粉碎过程，应将达到要求细度的粉末随时取出，使粗颗粒有充分机会接受机械能，这种粉碎称为自由粉碎；若细粉始终保留在粉碎系统中，能在粗颗粒中起到缓冲作用，消耗大量机械能，这种粉碎称为缓冲粉碎。

三、粉体的基本知识

粉体是无数个固体粒子集合体的总称。粉体中粒子大小范围一般在微米范围内。粉体具有如下性质。

真密度：指排除所有的空隙（即排除粒子本身以及粒子之间的空隙）的体积测量的密度值，为该物质的真实密度。

粒密度：指排除粒子间的空隙，但不排除粒子本身内部空隙的体积而求得的密度，为粒子本身的密度。

堆密度：又称松密度，指单位体积粉体的质量，该体积包括粒子本身的空隙以及粒子之间空隙在内的总体积。

对于同一种粉体来说，真密度＞粒密度＞堆密度。

孔隙率：粉体层中空隙所占有的比率。

流动性：粉体的流动性可用休止角、流出速度和内摩擦系数来表示。

吸湿性：吸湿性是指固体表面吸附水分子的现象。临界相对湿度，简写 CRH，是指吸湿量急剧增加时的相对湿度，一般 CRH 值越大，物料则越不易吸湿。

粉碎度：用来表示物料被粉碎的程度。常以粉碎前的粒度 D_1 与粉碎后的粒度 D_2 的比值 n 来表示，如式(4-1)所示。粉碎度越大，物料粉碎得越细。

$$n = \frac{D_1}{D_2} \tag{4-1}$$

四、粉碎常用技术

1. 干法粉碎和湿法粉碎

干法粉碎是指把物料经过适当干燥处理，降低水分含量再粉碎的操作。湿法粉碎是指在物料中添加适量的水或其他液体进行粉碎的方法，湿法粉碎粉碎度高，避免了粉尘飞扬。

2. 单独粉碎与混合粉碎

单独粉碎是指对同一物料进行的粉碎操作。贵重物料、刺激性物料、易于引起爆炸的氧化性和还原性物料、适宜单独处理的物料等应采用单独粉碎。混合粉碎是指两种以上物料同时粉碎的操作。

3. 低温粉碎

低温粉碎是指利用物料在低温时脆性增加、韧性与延伸性降低的性质，将物料或粉碎机进行冷却的粉碎操作。低温粉碎能保留物料中的香气及挥发性有效成分，并可获得更细的粉末。

4. 流能粉碎

流能粉碎是指利用高压气流使物料与物料之间、物料与器壁间相互碰撞而产生强烈的粉碎作用的操作，适用于热敏性物料和低熔点物料的粉碎。

第四节 粉碎设备

1. 研钵

又称乳钵，一般用陶瓷、玻璃、金属或玛瑙制成。研钵由钵和杵棒组成，杵棒与钵内壁接触通过研磨、碰撞、挤压等作用力使物料粉碎、混合均匀。研钵主要用于少量物料的粉碎或供实验室用。

2. 颚式破碎机

颚式破碎机有一个固定的和一个往复式钳口，它钳口之间的间隙可以交替地扩大和缩小。如图 4-5 所示。

间隙缩小时，钳口之间的块料受到挤压而粉碎。动颚离开时，间隙变大，粉碎的材料落下，大块料滑落至钳口之间，待下一次钳口移动时被压碎。通过调节钳口的开口间隙宽度和钳口频率，可以改变粒度和产量。

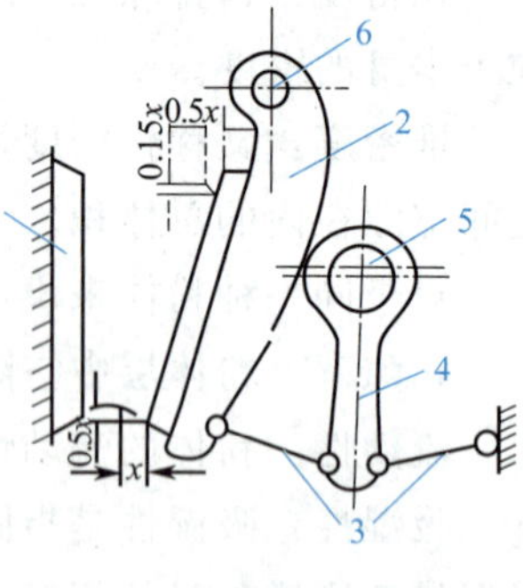

图 4-5 简摆颚式破碎机
1—定颚；2—动颚；3—偏心轴；4—连杆；5—推力板；6—悬挂轴

3. 圆锥破碎机

圆锥破碎机有一个刚性壳体，破碎机锥体在其中旋转。通过偏心凸轮驱动破碎机锥体进行摆动运动，破碎机锥体和破碎机壳体之间的间隙不断变化。间隙缩小时，通过压力和剪切力粉碎粗物料。间隙增大时，细物料掉落，粗物料滑入间隙中，进行下一次破碎。

4. 辊式破碎机

辊式破碎机由两个反向旋转的辊子组成，这些辊子配有破碎机凸轮或者齿。从上部加入大块料，凸轮卡住物料并将其压碎，如图 4-6 所示。转速较低时，主要通过压力和摩擦进行粉碎，而在较高转速下，主要使用冲击应力。

5. 锤式破碎机

锤式破碎机又称冲击式磨机，有一个圆柱形转子，其上部固定有铰接式冲击锤。转子高速转动,如图 4-7 所示。通过快速旋转的锤子粉碎物料,并且首先将碎片抛向撞击板和研磨轨道,通过撞击和冲击进一步压碎物料。

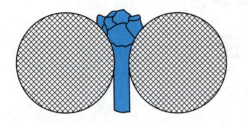

图 4-6　辊压磨工作原理示意图

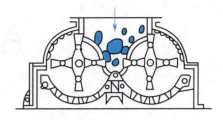

图 4-7　锤式破碎机的类型

6. 球磨机

球磨机是最常用的粉碎机。它由一个略微倾斜的旋转空心圆柱体组成,也称为滚筒,其中填充了 20%～30% 的耐磨研磨体,由钢或者硬瓷和研磨材料制成。管壁内部设置有耐磨衬里。通过开槽隔板,分隔成带有不同尺寸的研磨球的研磨室。

使用时滚筒旋转,在到达滚筒顶部之前抬起并分离研磨球和研磨物,研磨球落到滚筒底座的填充物上。通过下落的研磨球的冲击(粗粉碎)以及球和管内衬之间的研磨(精细研磨),粉碎研磨物,如图 4-8 所示。

球磨机的速度必须与管路直径相匹配。速度过高、过低,都会使粉碎效率急剧下降。球磨机的粉碎效率较低、粉碎时间长,密闭操作,适应范围较广。

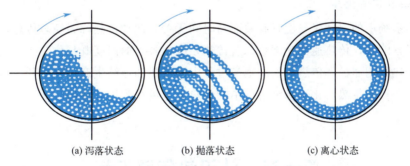

图 4-8　球磨机内粉磨介质的运动方式

7. 冲击式粉碎机

冲击式粉碎机又称万能粉碎机,对物料的粉碎作用力以冲击力为主,结构简单,操作维护方便。适用于脆性、韧性物料以及中碎、细碎、超细碎等粉碎,应用广泛。

8. 流能磨

流能磨又称气流粉碎机,常用的有圆盘形流能磨和轮型流能磨,是利用高压气流带动物料,产生强烈的撞击、冲击、研磨等作用而使物料得到粉碎。

固体物料的粉碎操作实操练习结合工作页任务 4——固体物料粉碎操作。

第五章

热 传 递

1. 传热在化工生产中的应用

归纳起来,传热在化工生产过程中的应用主要有以下几个方面:
① 为化学反应创造必要的条件。
② 在某些单元操作中,需要输入或输出热量,才能使这些单元操作正常地进行。
③ 化工生产中的化学反应大都为放热反应,其放出的热量可通过传热工艺回收利用,以降低生产的能量消耗。
④ 隔热与节能。为了减少热量或冷量的损失,以满足工艺要求。

因此,传热设备在化工厂的设备投资中占有很大的比例。据统计,在一般的石油化工企业中,传热设备的费用占总投资的30%~40%。

2. 传热过程的类型

若传热系统中的温度仅与位置有关而与时间无关,此种传热称为稳态传热,其特点是系统中不积累能量,传热速率为常数。若传热系统中各点的温度既与位置有关又与时间有关,此种传热称为非稳态传热,间歇生产过程中的传热和连续生产过程中开停车阶段的传热一般属于非稳态传热。化工稳定生产中的传热大多可视为稳态传热。

第一节 认识热传递工艺

一、热量

热量 Q 是指一种物质在加热时必须吸收的或者在冷却时必须释放的热,热是一种能量形式,热的单位是焦耳(J)、千焦耳(kJ)、瓦秒(W·s)或千瓦时(kW·h)。这些单位之间可以相互换算。

$$1J = 1W \cdot s \qquad 1kJ = 1000J$$
$$1kJ = 2.78 \times 10^{-4} kW \cdot h$$
$$1kW \cdot h = 3600000 W \cdot s$$

为了改变一种物质的物态,必须给其输入或者吸走相变热。

如果将两份不同质量（m_1 或 m_2）和不同温度（t_1 或 t_2）的液体混合到一起，则在短时间后混合物会达到一个共同的混合温度。较热的一部分液体释放热能，较冷的一部分液体吸收释放出的热能。

二、载热体及载冷体

生产中的热量交换通常发生在两流体之间，参与换热过程的流体称为载热体，温度较高放出热量的流体称为热载热体，简称为热流体；温度较低吸收热量的流体称为冷载热体，简称冷流体。若传热是为了将冷流体加热，此时热流体称为加热剂；若传热目的是将热流体冷却或冷凝，此时冷流体称为冷却剂或冷凝剂。

化工生产过程中，想要温度发生改变，可以通过传热的方式。常用的加热剂和冷却剂如下。

1. 常用加热剂

（1）燃料　在化工厂中主要使用燃气、燃料油和煤作为燃料。

燃气主要使用的是天然气，燃烧无残留，有害物质比例较低。燃料油常用的是从石油中提炼出来的轻重两种燃油，可以大量存储在使用地点附近，避免像燃气那样要建设长距离的输送管道。煤主要使用褐煤和无烟煤，其燃烧后的气体含有大量的有害物质（SO_2、NO_x、灰尘），因而必须配有烟气净化设备。在化工厂，很大一部分一次能源被用于在蒸汽设备中制备热蒸汽，或者在工厂发电厂中发电和生产热蒸汽（"热电联产"原理）。

（2）电　在化工厂中用电获得热一般比用燃烧设备产生热更加昂贵。与电费较高相对的是电"比较清洁"，因此用途非常广泛。

（3）水蒸气　水蒸气是化工厂用于加热罐体和热交换器最重要的载热体，也可以用于驱动喷射泵或者用作生产过程蒸汽。水蒸气储热量较大并可在冷凝时释放出来。

在化工设备里用于加热的大多数蒸汽是一种略微过热的过热蒸汽，也被称为低压蒸汽，温度在130～150℃。略微过热是为了防止在管道内形成冷凝水并确保在使用地点接近于饱和蒸汽。饱和蒸汽最适合用于加热，其在加热面上冷凝所释放的热量特别大，因此加热面不必过大。对于有特殊要求的加热可以使用高压饱和蒸汽，比如要将物品加热到高温时。

当要求温度小于180℃时，常用饱和水蒸气作加热剂，其优点是饱和水蒸气的压力和温度一一对应，调节其压力就可以控制加热温度，使用方便。

（4）加热液　加热液主要有水、矿物油、导生油，加热液将存储的热量通过热交换器传导给要加热的物品。

（5）烟道气　在燃烧设备的燃烧过程中会产生热烟气。其中包含燃烧所产生的燃烧热，然后在蒸汽发生器锅炉等设备中将热传输给热蒸汽。

载热体的选择应遵循如下原则：

① 载热体应能满足所要求达到的温度；

② 载热体的温度调节应方便；

③ 载热体的比热容或潜热应较大；

④ 载热体应具有化学稳定性，使用过程中不会分解或变质；
⑤ 为了操作安全起见，载热体应无毒或毒性较小，不易燃易爆，对设备腐蚀性小；
⑥ 价格低廉，来源广泛。

表 5-1 为常用加热剂的种类和温度范围。

表 5-1　常用加热剂及其温度范围

加热剂	热水	饱和水蒸气	矿物油	导生油	熔盐	烟道气
温度范围/℃	40~100	100~180	180~250	255~380	142~530	500~1000

2. 常用冷却剂

冷却剂的任务是从一种高温物质中吸走热量，从而冷却物质。空气冷却器和冷却塔使用环境空气可将热液体冷却到最低约40℃。从自然界获取并经过制备的冷却水是最常使用的冷却剂，用于将物品冷却到环境温度。0℃左右的冷水可以将物品冷却到5℃左右。冷冻盐水可以将产品冷却到－40℃。冰粒常常用于直接将水溶液冷却到0℃。干冰可以在碾磨时直接加入，使磨料冷却到－78.5℃。用液态空气可以将产品冷却到－194℃。表5-2为常用冷却剂的种类和温度范围。

表 5-2　常用冷却剂及其温度范围

冷却剂	水、空气	冷冻盐水	液氨	液态乙烷蒸发	液态乙烯蒸发
温度范围/℃	20~30	零下十几度~零下几十度	－33.4	－88.6	－103.7

第二节　热流平衡

根据传热机理的不同，热量传递有三种基本方式：热传导、热对流和热辐射。

1. 热传导

热传导是由于物质的分子、原子或电子的运动或振动，而将热量从物体内高温处向低温处传递的过程。任何物体，不论其内部有无质点的相对运动，只要存在温度差，就必然发生热传导。

2. 热对流

热对流是指流体中质点发生宏观位移而引起的热量传递，仅发生在流体中，分为强制对流和自然对流。在流体发生强制对流时，往往伴随着自然对流，但一般强制对流的强度比自然对流的大得多。

3. 热辐射

因热的原因，物体发出辐射能并在周围空间传播而引起的传热，称为热辐射。它是一种通过电磁波传递能量的方式，不需要任何媒介，可以在真空中传播。能量传递的同时还伴有能量形式的转换。只有物体温度较高时，辐射传热才能成为主要的传热方式。

实际上，传热过程往往不是以某种传热方式单独出现，而是两种或三种传热方式的组合。

一、传热推动力

1. 传热过程

热冷流体在间壁式换热器内被固体壁面隔开，它们分别在壁面的两侧流动。热量由热流体通过壁面传递到冷流体的过程为：热流体以对流传热（给热）方式将热量传给壁面一侧，壁面以热传导方式将热量传导至壁面的另一侧，再以对流传热（给热）方式传给冷流体，传热方向垂直于流体流动的方向，如图 5-1 所示。

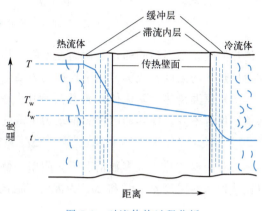

图 5-1　对流传热过程分析

当流体沿壁面做湍流流动时，在靠近壁面处总有一层流内层（滞流内层）存在，在层流内层和湍流主体之间有一过渡层。在湍流主体内，由于流体质点湍动剧烈，所以在传热方向上流体的温度差极小，各处的温度基本相同，热量传递主要依靠对流进行，传导所起作用很小。在过渡层内，流体的温度发生缓慢变化，传导和对流同时起作用。在层流内层中，流体仅沿壁面平行流动，在传热方向上没有质点位移，所以热量传递主要依靠传导进行，由于流体的热导率很小，使层流内层的导热热阻很大，因此在该层内流体的温度差较大。

2. 传热面积

由于两流体的传热是通过管壁进行的，故列管式换热器的传热面积是所有管束壁面的面积，即

$$A = n\pi dL \tag{5-1}$$

式中　A——传热面积，m^2；

　　　n——管数；

　　　d——管径（内径或外径），m；

　　　L——管长，m。

3. 换热器内两流体的流动形式

套管换热器的每一段套管称为一程，程数可根据所需传热面积的多少而增减。在内管里流动的流体每经过一次管束称为一个管程，在内管管外流动的流体每经过一次管束称为一个壳程。

换热器的管程流体和壳程流体有不同的流动形式：并流、逆流、折流、错流，如图 5-2 所示。

4. 传热推动力的确定

换热器的传热推动力是传热温度差。大多数情况下，换热器在传热过程中各传热截面

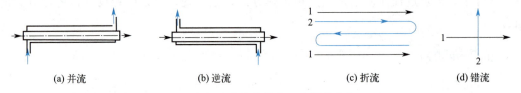

(a) 并流　　　　　(b) 逆流　　　　　(c) 折流　　　　　(d) 错流

图 5-2　间壁式换热器内两流体的流向

的传热温度差是不相同的，各截面温差的平均值就是整个换热器的传热推动力，此平均值称为传热平均温度差或称传热平均推动力 Δt_m。

（1）恒温传热　两流体在换热过程中均只发生相变，热流体温度 T 和冷流体温度 t 都始终保持不变。换热器的传热推动力可取任一传热截面上的温度差，即

$$\Delta t_m = T - t \tag{5-2}$$

（2）变温传热　大多数情况下，间壁一侧或两侧的流体温度沿换热管长而变化，一般以换热器两端温度差 Δt_1 和 Δt_2 为极值。流向不同，平均温度差也不相同。

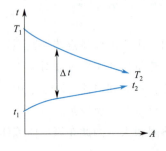

图 5-3　并流温度变化图

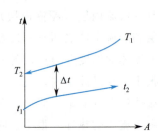

图 5-4　逆流温度变化图

① 并、逆流：并、逆流温度变化图如图 5-3、图 5-4 所示，平均温度差在 Δt_1 和 Δt_2 间，采用对数平均值的方法进行计算，即

$$\Delta t_m = \frac{\Delta t_1 - \Delta t_2}{\ln \dfrac{\Delta t_1}{\Delta t_2}} \tag{5-3}$$

式中　Δt_m——换热器中热、冷流体的平均温度差，K；

Δt_1，Δt_2——换热器两端热、冷流体的温度差，K。通常 $\Delta t_1 > \Delta t_2$。

并流时，$\Delta t_1 = T_1 - t_1$，$\Delta t_2 = T_2 - t_2$；逆流时，$\Delta t_1 = T_1 - t_2$，$\Delta t_2 = T_2 - t_1$。

而当 $\Delta t_1 / \Delta t_2 \leqslant 2$ 时，可近似用算术平均值 $(\Delta t_1 + \Delta t_2)/2$ 代替对数平均值，其误差不超过 4%。

在同样的进出口温度下，逆流的传热推动力比并流要大。生产中一般都选择逆流操作。

② 错、折流：先按逆流计算对数平均温度差 $\Delta t_m'$，再乘以校正系数 $\varphi_{\Delta t}$，即

$$\Delta t_m = \varphi_{\Delta t} \Delta t_m' \tag{5-4}$$

式中，$\varphi_{\Delta t}$ 为温度差校正系数，其大小与流体的温度变化有关，可表示为两参数 R 和 P 的函数，如式(5-5)、式(5-6)所示。即 $\varphi_{\Delta t} = f(R, P)$。

$$P = \frac{t_2 - t_1}{T_1 - t_1} = \frac{冷流体的温升}{两流体的最初温度差} \tag{5-5}$$

$$R = \frac{T_1 - T_2}{t_2 - t_1} = \frac{热流体的温升}{冷流体的温升} \tag{5-6}$$

$\varphi_{\Delta t}$ 可根据 R 和 P 两参数从有关传热手册及书籍中查到，例如图 5-5 为单壳层换热器温度差修正系数图。工程上，要求换热器的温差校正系数大于 0.8。

（3）不同流向传热温度差的比较及流向的选择　假定热、冷流体进出换热器的温度相同。

① 两侧均恒温或单侧变温：此种情况下，平均温度差的大小与流向无关，即 $\Delta t_{m逆} = \Delta t_{m错,折} = \Delta t_{m并}$。

② 两侧均变温：平均温度差逆流时最大，并流时最小，即 $\Delta t_{m逆} > \Delta t_{m错,折} > \Delta t_{m并}$。生产中为提高传热推动力，应尽量采用逆流。

当出于某些其他方面的考虑时，也采用其他流向。并流比较容易控制温度，适合于加热黏性大的冷流体、热敏性物料，冷却易结晶物料；错流或折流可以有效降低传热热阻，工程上多采用。

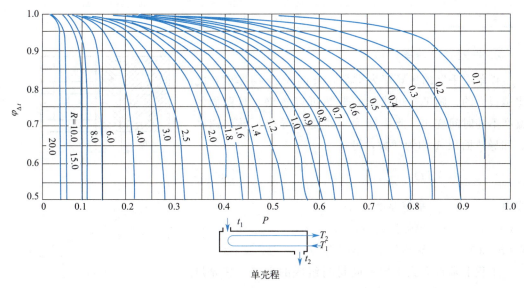

图 5-5　温度差修正系数图

传热推动力的计算练习结合工作页任务 5——套管式换热器换热操作、任务 6——列管式换热器换热操作、任务 7——板式换热器换热操作。

二、导热速率

傅里叶定律是导热的基本定律，表明导热速率与温度梯度以及垂直于热流方向的等温面面积成正比，引入比例系数后可得导热速率方程，即

$$Q = -\lambda A \frac{dt}{dx} \tag{5-7}$$

式中　　Q——导热速率，J/s 或 W；
　　　　λ——比例系数，称为热导率，J/(s·m·K) 或 W/(m·K)；
　　　　A——导热面积，m^2；
　　　　dt/dx——温度梯度。

式中负号表示热流方向与温度梯度方向相反，即热量总是从高温向低温传递。

1. 导热系数——热导率 λ

热导率是傅里叶定律中的比例系数，它是表征物质导热性能的一个物性参数，其值大小与物质的组成、结构、温度及压力等有关。λ 越大，导热性能越好。

物质的热导率通常由实验测定。一般而言，金属的热导率最大，非金属的固体次之，液体的较小，而气体的最小。气体的热导率最小，有利于保温、绝热。如工业上所使用的保温材料玻璃棉。工程上常见物质的热导率可从有关手册中查得。各种物质热导率的大致范围如表 5-3 所示。

表 5-3　各种物质热导率的大致范围

金属 /[W/(m·K)]	建筑材料 /[W/(m·K)]	绝热材料 /[W/(m·K)]	液体 /[W/(m·K)]	气体 /[W/(m·K)]
2.3~420	0.25~3	0.025~0.25	0.09~0.6	0.006~0.4

2. 平壁导热速率计算

设单层平壁的热导率为常数，其面积 A 与厚度 b 之比是很大的，则平壁边缘处的散热可以忽略，且壁面的温度不随时间变化。此平壁为一维稳态导热，导热速率 Q 和导热面积 A 均为常数，可得

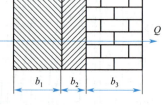

$$Q = \frac{\lambda}{b}A(t_1 - t_2) = \frac{\Delta t}{R} \tag{5-8}$$

式中　　b——平壁厚度，m；
　　　　$\Delta t = t_1 - t_2$——导热推动力，K；
　　　　$R = b/(\lambda A)$——导热热阻，K/W。

工程上常常遇到多层不同材料组成的平壁，其导热称为多层平壁导热。如图 5-6 所示，各层壁面的面积可视为相同，设为 A，各层壁面厚度分别为 b_1、b_2、b_3，热导率分别为 λ_1、λ_2、λ_3，假设各层间接触良好，即互

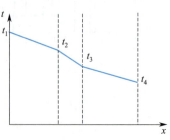

图 5-6　三层平壁的导热

相接触的两表面温度相同。各接触面的温度分别为 t_1、t_2、t_3、t_4，且 $t_1 > t_2 > t_3 > t_4$，则在稳态导热时，通过各层的导热速率必定相等，整理得

$$Q = \frac{t_1 - t_4}{\dfrac{b_1}{\lambda_1 A} + \dfrac{b_2}{\lambda_2 A} + \dfrac{b_3}{\lambda_3 A}} \tag{5-9}$$

三层壁面的导热，可看成是三个热阻串联导热，总推动力等于各分推动力之和，总热

阻等于各分热阻之和。

3. 圆筒壁导热速率计算

圆筒壁的传热面积、热通量和温度,随半径而变,但传热速率在稳态时依然是常量。

对于单层圆筒壁,如图5-7所示,同样利用傅里叶定律积分可得

$$Q = \frac{t_1 - t_2}{\dfrac{b}{\lambda A_m}} = \frac{t_1 - t_2}{\dfrac{r_2 - r_1}{\lambda A_m}} \quad (5\text{-}10)$$

式中 t_1、t_2——圆筒壁的内、外表面温度,K;

r_1、r_2——圆筒壁的内、外半径,m。

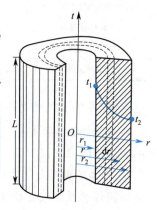

图5-7 单层圆筒壁的导热

A_m 可采用对数平均值($A_2/A_1 > 2$ 时)或算术平均值($A_2/A_1 \leqslant 2$ 时)计算,即

$$A_m = \frac{A_2 - A_1}{\ln \dfrac{A_2}{A_1}} = \frac{2\pi r_2 L - 2\pi r_1 L}{\ln \dfrac{2\pi r_2 L}{2\pi r_1 L}} = \frac{2\pi L (r_2 - r_1)}{\ln \dfrac{r_2}{r_1}} \quad (5\text{-}11)$$

在工程上,多层圆筒壁的导热情况比较常见,其计算如式(5-12)所示。

$$Q = \frac{t_1 - t_4}{\dfrac{b_1}{\lambda_1 A_{m1}} + \dfrac{b_2}{\lambda_2 A_{m2}} + \dfrac{b_3}{\lambda_3 A_{m3}}} \quad (5\text{-}12)$$

三、对流传热速率

1. 对流传热速率方程

为便于处理,假设过渡区和湍流主体的传热阻力全部叠加到层流内层的热阻中,在靠近壁面处构成一厚度为 δ 的流体膜——有效膜,即把阻力全部集中在有效膜内,膜内为层流流动,膜外为湍流。因此,减薄有效膜的厚度是强化对流传热的重要途径。

$$Q = \alpha A \Delta t \quad (5\text{-}13)$$

式中 Q——对流传热速率,W;

A——对流传热面积,m^2;

α——对流传热系数,$W/(m^2 \cdot K)$;

Δt——流体与壁面间温度差,℃。

式(5-13)称为**对流传热速率方程**,也称为**牛顿冷却定律**。

2. 对流传热系数 α

对流传热系数是指在单位传热面积上,流体与壁面的温度差为1K时,单位时间以对流传热方式传递的热量。它反映了对流传热的强度,对流传热系数越大,说明对流强度越大,对流传热热阻越小。不同情况下对流传热系数的范围见表5-4。

表 5-4 α 的范围

对流传热类型(无相变)	α/[W/(m²·K)]	对流传热类型(有相变)	α/[W/(m²·K)]
气体加热或冷却	5~100	有机蒸气冷凝	500~2000
油加热或冷却	60~1700	水蒸气冷凝	5000~15000
水加热或冷却	200~15000	水沸腾	2500~25000

3. 影响对流传热系数的因素

对流传热系数不是物性参数,而是受诸多因素影响的一个参数,通过理论分析和实验证明,影响因素有以下几个方面:

① 流体的种类及相变情况,流体的状态不同,对流传热系数不同。一般流体有相变时的对流传热系数较无相变时的大。

② 流体的性质影响,对流传热系数的因素有热导率、比热容、黏度和密度等。

③ 流体的流动状态,当流体呈湍流时,层流内层的厚度减薄,对流传热系数增大。当流体呈层流时,对流传热系数较湍流时的小。

④ 流体流动的原因,一般强制对流的对流传热系数较自然对流的大。

⑤ 传热面的形状、方位、布置及尺寸都对对流传热系数有直接的影响。

4. 对流传热的特征数关联式

通过因次分析法,将上述影响因素组合成若干无因次数群——特征数,见表 5-5。

表 5-5 特征数的符号及意义

特征数名称	特征数表达式	意义
努塞尔特数	$Nu = \dfrac{\alpha l}{\lambda}$	表示对流传热系数的准数
雷诺数	$Re = \dfrac{du\rho}{\mu}$	确定流体流动状态和湍动程度对对流传热的影响
普朗特数	$Pr = \dfrac{c_p \mu}{\lambda}$	表示流体物性对对流传热的影响
格拉斯霍夫数	$Gr = \dfrac{\beta g \Delta t l^3 \rho^2}{\mu^2}$	表示自然对流对对流传热的影响

对于强制对流的传热过程,Nu、Re、Pr 三个特征数之间的关系,大多数为指数函数的形式,即

$$Nu = CRe^m Pr^n \tag{5-14}$$

这种特征数之间的关系式称为特征数关联式。式(5-14)中 C、m、n 都是常数,都是针对各种不同情况的具体条件进行实验测定的。特征数关联式是一种经验公式,在使用时应注意:应用范围、特征尺寸、定性温度。

5. 流体有相变时的对流传热

在对流传热过程中,流体发生相变,分为蒸汽冷凝和液体沸腾两种。

(1) 蒸汽冷凝 在换热器内,当饱和蒸汽与温度较低的壁面接触时,在壁面上冷凝成液体,发生在蒸汽冷凝和壁面之间的传热,称为冷凝对流传热,简称为冷凝传热。冷凝传

热速率与蒸汽的冷凝方式密切相关。蒸汽冷凝方式如图 5-8 所示。

膜状冷凝是指冷凝液在壁面上形成一层液膜，蒸汽冷凝放出的潜热必须通过液膜后才能传到壁面，因此冷凝液膜往往成为膜状冷凝的主要阻力。

滴状冷凝是指冷凝液在壁面上杂乱无章地形成许多小液滴，壁面的大部分部位没有液膜阻碍热流，传热系数很大，是膜状冷凝的十倍左右。

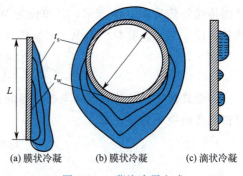

(a) 膜状冷凝　　(b) 膜状冷凝　　(c) 滴状冷凝

图 5-8　蒸汽冷凝方式

凡有利于减薄冷凝液膜厚度的因素都可以提高冷凝传热系数。

一般情况下冷凝器的蒸汽入口设在其上部，此时蒸汽与液膜流向相同，有利于增大对流传热系数。

当蒸汽中含有 1% 的不凝气体时，对流传热系数将下降 60%。因此，在涉及相变的传热设备上部应安装有排除不凝气体的阀门，操作时应定期排放不凝气体，以减少影响。

(2) 液体沸腾　当液体被加热到操作条件下的饱和温度时，液体内部会产生气泡的现象称为液体沸腾，发生沸腾的液体与固体壁面之间的传热称为沸腾对流传热，简称为沸腾传热。观察常压下水的沸腾曲线（表示水在沸腾时对流传热系数与传热壁面和液体的温度差之间的关系），如图 5-9 所示。

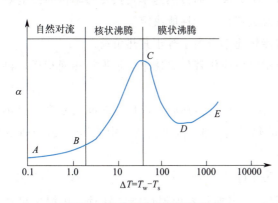

图 5-9　常压下的水的沸腾曲线

图中 AB 段——自然对流，此时传热壁面与液体的温度差较小，只有少量气泡产生，传热以自然对流为主，对流传热系数和传热速率都比较小。

图中 BC 段——核状沸腾，随着温度差的增大，液体在壁面受热后产生的气泡量增加很快，并在向上浮动中，对液体产生剧烈的扰动，因此，对流传热系数上升很快。

图中 CD 段——过渡区，气泡产生速度大于气泡脱离壁面的速度，气泡将在传热壁面上聚集并形成一层不稳定的气膜，这时热量必须通过这层气膜才能传到液相主体中去，对流传热系数反而下降。

图中 DE 段——膜状沸腾，当温度差再增大到一定程度时，产生的气泡在传热壁面形成一层稳定的气膜，辐射的传热量急剧增大，使点 D 后的传热系数进一步增大。

实际上，一般将 CDE 段称为膜状沸腾。

四、传热速率与热负荷

1. 传热速率

在传热过程中，热量传递的快慢用传热速率来表示。传热速率是指单位时间内通过传热面传递的热量，用 Q 表示，其单位为 W。热通量是指单位传热面积单位时间内传递的热量，用 q 表示，其单位为 W/m^2。传热速率可表示为

$$传热速率 = \frac{传热推动力（温度差）}{传热阻力（热阻）} = \frac{\Delta t}{R} \tag{5-15}$$

间壁式换热器的传热速率与换热器的传热面积、传热推动力成正比，引入比例系数后可得总传热速率方程，即

$$Q = KA\Delta t_m \tag{5-16}$$

或 $$Q = \frac{\Delta t_m}{\frac{1}{KA}} = \frac{\Delta t_m}{R} \tag{5-17}$$

式中 Q——传热速率，W；

A——传热面积，m^2；

K——比例系数，称为**总传热系数**，$W/(m^2 \cdot K)$，K 值越大，在相同的温度差条件下，所传递的热量越多；

Δt_m——换热器的传热推动力，K；

R——换热器的总热阻，K/W。

2. 热负荷

(1) 传热速率与热负荷的关系　要求换热器单位时间传递的热量称为换热器的热负荷，它是由生产工艺条件决定的，与换热器结构无关。而传热速率是换热器单位时间能够传递的热量，是换热器的生产能力，主要由换热器自身的性能决定。

为保证换热器完成传热任务，换热器的传热速率应大于等于其热负荷。

所以在换热器的选型或设计中，一般先用热负荷代替传热速率，求得换热面积后，再考虑一定的安全裕量。

(2) 换热器的热量衡算　根据能量守恒定律，稳定传热时，以单位时间为基准，换热器中热流体放出的热量 Q_h 等于冷流体吸收的热量 Q_c 加上散失到空气中的热量 Q_L（即热损失），单位为 kJ/h 或 kW，即

$$Q_h = Q_c + Q_L \tag{5-18}$$

式(5-18) 称为传热过程的热量衡算方程式。当换热器保温性能良好时，热损失可忽略不计，则上式可变为

$$Q_h = Q_c \tag{5-19}$$

此时的热负荷取 Q_h 或 Q_c 均可。

当换热器的热损失不能忽略时，热负荷的选取要根据具体情况而定。哪种流体走管程，就应取该流体的传热量为换热器的热负荷。

(3) 载热体传热量的计算

① 显热法。若流体在换热过程中没有相变化，且流体的比热容可视为常数或可取为流体进出口平均温度（此温度称为定性温度）下的比热容时，其传热量可按式(5-20)、式(5-21) 计算：

$$Q_h = W_h c_{ph}(T_1 - T_2) \tag{5-20}$$

$$Q_c = W_c c_{pc}(t_2 - t_1) \tag{5-21}$$

式中 W_h、W_c——热、冷流体的质量流量，kg/s；

c_{ph}、c_{pc}——热、冷流体的比热容，kJ/(kg·K)；

T_1、T_2——热流体的进出口温度，K；

t_1、t_2——冷流体的进出口温度，K。

② 潜热法。若流体在换热过程中仅仅发生相变化（饱和蒸汽变为饱和液体或反之），而没有温度变化，其传热量可按式(5-22)、式(5-23)计算：

$$Q_h = W_h r_h \tag{5-22}$$

$$Q_c = W_c r_c \tag{5-23}$$

式中，r_h、r_c 为热、冷流体的汽化潜热，kJ/kg。

③ 焓差法。若能够得知流体进、出状态时的焓，则不需要考虑流体在换热过程中是否发生相变，其传热量均可按式(5-24)、式(5-25)计算：

$$Q_h = W_h(I_{h1} - I_{h2}) \tag{5-24}$$

$$Q_c = W_c(I_{c2} - I_{c1}) \tag{5-25}$$

式中 I_{h1}、I_{h2}——热流体进出状态时的焓，kJ/kg；

I_{c1}、I_{c2}——冷流体进出状态时的焓，kJ/kg。

五、总传热系数

由传热速率方程可得总传热系数 $K = Q/(A\Delta t_m)$，总传热系数在数值上等于单位传热面积、热流体与冷流体温度差为 1K 时换热器的传热速率。

总传热系数是评价换热器传热性能的重要参数，也是对传热设备进行工艺计算的依据。K 值的来源主要有以下三个方面。

1. 取经验值

表 5-6 列出了列管式换热器总传热系数的大致范围。

表 5-6 列管式换热器中 K 值的大致范围

热流体	冷流体	总传热系数 K/[W/(m²·K)]	热流体	冷流体	总传热系数 K/[W/(m²·K)]
水	水	850～1700	低沸点烃类蒸汽冷凝（常压）	水	455～1140
轻油	水	340～910	高沸点烃类蒸汽冷凝（减压）	水	60～170
重油	水	60～280	水蒸气冷凝	水沸腾	2000～4250
气体	水	17～280	水蒸气冷凝	轻油沸腾	455～1020
水蒸气冷凝	水	1420～4250	水蒸气冷凝	重油沸腾	140～425
水蒸气冷凝	气体	30～300			

2. 现场测定

对已有的换热器，可测定有关数据，如设备的尺寸、流体的流量和进出口温度等，利用总传热系数公式进行计算。这样得到的 K 值可靠性较高，但是其使用范围受到限制，只有与所测情况相一致的场合才准确。若使用情况与测定情况相似，所测 K 值仍有一定参考价值。

3. 公式计算

总传热系数 K 的计算公式可利用串联热阻叠加原理导出。假设热流体走管程、冷流体走壳程，通过间壁式换热器传热过程的分析可知，在稳态传热过程中，有

$$\frac{1}{KA} = \frac{1}{\alpha_i A_i} + \frac{b}{\lambda A_m} + \frac{1}{\alpha_o A_o} \tag{5-26}$$

式(5-26)即为计算 K 值的基本公式。

一般工程上，大多以外表面积为基准，除了特别说明外，手册中所列 K 值都是基于外表面积的传热系数，换热器标准系列中的传热面积也是指外表面积。

K 值计算通式为

$$K = \frac{1}{\dfrac{d_o}{\alpha_i d_i} + \dfrac{b d_o}{\lambda d_m} + \dfrac{1}{\alpha_o}} \tag{5-27}$$

换热器在使用过程中，传热壁面常有污垢形成，对传热产生附加热阻，称为污垢热阻。通常，污垢热阻比传热壁面的热阻大得多，因而在传热计算中应考虑污垢热阻的影响。由于污垢热阻的厚度及热导率难以准确地估计，因此通常选用经验值，见表5-7。

表 5-7　常见流体的污垢热阻 R_s

流体	R_s/[m²·K/kW]	流体	R_s/[m²·K/kW]	流体	R_s/[m²·K/kW]
水(>50℃)		气体		液体	
蒸馏水	0.09	空气	0.26~0.53	盐水	0.172
海水	0.09	溶剂蒸气	0.172	有机物	0.172
清洁的河水	0.21	水蒸气		熔盐	0.086
未处理的凉水塔用水	0.58	优质不含油	0.052	植物油	0.52
已处理的凉水塔用水	0.26	劣质不含油	0.09	燃料油	0.172~0.52
已处理的锅炉用水	0.26	往复机排出	0.176	重油	0.86
硬水、井水	0.58				

六、强化与削弱传热

1. 强化传热

（1）增大传热面积　增大传热面积，可以提高换热器的传热速率，但不能仅仅依靠增大设备尺寸来实现，因为这样会使设备的体积增大，金属耗用量增加，设备费用相应增加。实践证明，从改进设备的结构入手，增加单位体积的传热面积，可以使设备更加紧凑，结构更加合理。如螺旋板式、平板式换热器，在管式换热器中减少管子直径、带翅片

或异形表面的传热管。但同时由于流道的变化,往往会使流动阻力有所增加,故设计或选用时应综合比较,全面考虑。

(2) 提高传热推动力 增大传热平均温度差,可提高换热器的传热速率。传热平均温差的大小取决于两流体的温度大小及流动形式。一般来说,物料的温度由工艺条件所决定,不能随意变动,而加热剂或冷却剂的温度,可以通过选择不同介质和流量加以改变。但需要注意的是,改变加热剂或冷却剂的温度,必须考虑到技术上的可行性和经济上的合理性。另外,也可采用逆流操作或增加壳程数来实现。

(3) 提高传热系数 增大传热系数可以有效地提高换热器的传热速率,增大传热系数实际上就是降低换热器的总热阻。要降低总热阻,减小各项分热阻中的任何一项即可。但不同情况下,各项分热阻所占比例不同,故应具体问题具体分析,设法减小所占比例大的分热阻。随着使用时间的加长,污垢成为阻碍传热的主要因素;对流传热的热阻经常是传热过程的主要矛盾,必须重点考虑。

具体途径和措施有以下几种:

① 降低对流传热热阻。增大流速和减小管径都能增大对流传热系数,但以增大流速更为有效。在管程中,采用多程结构,可使流速成倍增加,流动方向不断改变。在壳程中,广泛采用折流挡板,还可通过内置螺旋条、扭曲带、网栅等湍流促进器以促进湍流程度。采用时需具体分析,全面考量。

及时排除不凝性气体和冷凝液,在管壁上开一些纵向沟槽或装金属网,以阻止液膜的形成。设法使管表面粗糙化,或在液体中加入如乙醇、丙酮等添加剂,均能有效地提高对流传热系数。

② 降低污垢热阻。提高流体的流速和扰动,加强水质处理,加入阻垢剂,定期采用机械、高压水或化学的方法清除污垢。

2. 削弱传热

削弱传热即隔热。利用热导率很低、导热热阻很大的保温隔热材料对高温和低温设备进行保温隔热,以减少设备与环境间的热交换,从而减少热损失。常见的保温隔热材料见表 5-8。

表 5-8 常见的保温隔热材料

材料名称	主要成分	密度/(kg/m³)	热导率/[W/(m·K)]	特性
碳酸镁石棉	85%石棉纤维,15%碳酸镁	180	0.09~0.12(50℃)	保温用涂料材料,耐温 300℃
碳酸镁砖		380~360	0.07~0.12(50℃)	泡花碱黏结剂,耐温 300℃
碳酸镁管		280~360	0.07~0.12(50℃)	泡花碱黏结剂,耐温 300℃
硅藻土材料	$SiO_2 \cdot Al_2O_3 \cdot Fe_2O_3$	280~450	<0.23	耐温 800℃
泡沫混凝土		300~570	<0.23	大规模保温填料,耐温 250~300℃
矿渣棉	高炉渣制成棉	200~300	<0.08	大面积保温填料,耐温 700℃
膨胀蛭石	镁铝铁含水硅酸盐	60~250	<0.07	耐温<1000℃

续表

材料名称	主要成分	密度/(kg/m³)	热导率/[W/(m·K)]	特性
蛭石水泥管		430~500	0.09~0.14	耐温<800℃
蛭石水泥板		430~500	0.09~0.14	耐温<800℃
沥青蛭石管		350~400	0.08~0.1	保冷材料
超细玻璃棉		18~30	0.032	
软木	常绿树木（双层制成）	120~200	0.035~0.058	保冷材料

3. 传热过程的节能

传热过程的节能措施主要有：

① 能源实行定额管理与综合调配制度，严格控制消耗，做到层层计量，层层回收。

② 对热量进行有效能分级，多次、逐级综合利用。

③ 充分回收工艺过程的化学反应热和废热，提高热利用率。

④ 加强管理，改善设备运行状况，强化换热器的传热，杜绝跑、冒、滴、漏现象的发生。

⑤ 对设备及管道进行保温，提高保温效果，减少热损失。

⑥ 加强设备维护，定期对设备进行清洗、检修，去除污垢、杂质，保持疏水器处于良好运行状态。

⑦ 用新型高效换热元件和换热技术，如使用钛制板式换热器和热管技术等。

第三节　热传递设备

一、加热设备

1. 传热方式

（1）间接传热指通过罐壁间接传热对罐内的产品进行加热或者冷却。

（2）直接传热指直接送入蒸汽或者溶剂，把包含的热量送入罐的内容物中。只有加入的载热体不影响罐内容物的成分和浓度，才能使用这种加热或冷却工艺，如图 5-10 所示。

2. 换热设备的分类

用于交换热量的设备称为热量交换器，简称为换热器。

（1）根据设备换热原理不同　分为：直接接触式、间壁式、蓄热式换热器（图 5-11）。

（2）根据换热设备用途不同　分为：加热器、预热器、过热器、蒸发器、再沸器、冷却器、冷凝器。

（3）根据换热设备传热面的形状和结构不同　分为：管式换热器、板式换热器、特殊形式换热器。

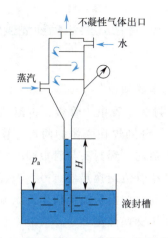

图 5-10　混合式蒸汽冷凝器（直接传热）

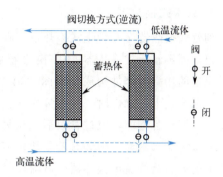

图 5-11　蓄热式换热器

（4）根据换热设备所用材料不同　分为：金属材料、非金属材料换热器。

3. 套管换热器

套管换热器是由两种直径不同的直管套在一起组成同心套管，然后将若干段这样的套管连接而成的，其结构如图 5-12 所示。每一段套管称为一程。套管换热器结构简单，能耐高压，传热面积可根据需要增减。

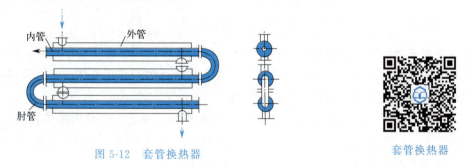

图 5-12　套管换热器

套管换热器

4. 沉浸式蛇管换热器

此种换热器通常以金属管弯绕而成，制成适应容器的形状，沉浸在容器内的液体中，管内流体与容器内液体隔着管壁进行换热，几种常用的蛇管形状如图 5-13 所示。

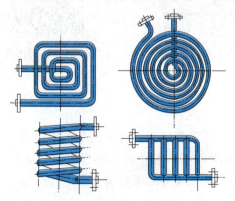

图 5-13　沉浸式蛇管换热器的蛇管形状

换热器流程动画

套管换热器的操作实操练习结合工作页任务5——套管式换热器换热操作。

5. 列管式换热器

列管式换热器又称管壳式换热器,在换热设备中占主导地位。

(1) 固定管板式换热器　该换热器主要由壳体、封头、管束、管板、折流挡板、流体进出口的接管等部件构成,如图5-14所示。两块管板分别焊在壳体的两端,管束两端固定在两管板上。操作时一种流体由封头上的接管进入器内,经封头与管板间的空间(分配室)分配至各管内,流过管束后,从另一端封头上的接管流出换热器。另一种流体由壳体上的接管流入,壳体内装有若干块折流挡板,流体在壳体内沿折流挡板作折流流动,从壳体上的另一接管流出换热器。两流体借管壁的导热作用交换热量。

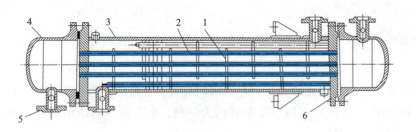

固定管板式换热器结构

图5-14　固定管板式换热器

1—折流挡板；2—管束；3—壳体；4—封头；5—接管；6—管板

当壳体与换热管的温差较大时,产生的热应力具有破坏性,可造成管子破裂。因此,必须从结构上考虑这种热膨胀的影响。固定管板式换热器适用于壳程流体清洁且不结垢,两流体温差不大或温差较大但壳程压力不高的场合。

(2) 浮头式换热器　两端管板之一不与壳体固定连接,可以在壳体内沿轴向自由伸缩,该端称为浮头,如图5-15所示。当换热管与壳体有温差存在时,不会产生温差应力。适用于壳体与管束温差较大或壳程流体容易结垢的场合。

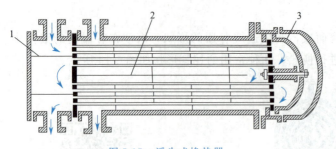

浮头式换热器工作原理

图5-15　浮头式换热器

1—管程隔板；2—壳程隔板；3—浮头

(3) U形管式换热器　只有一个管板,管子呈U形,管子两端固定在同一管板上,如图5-16所示。管束可以自由伸缩,当壳体与管子有温差时,不会产生温差应力。适用于管、壳程温差较大或壳程介质易结垢而管程介质不易结垢的场合。

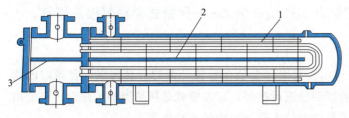

图 5-16　U 形管式换热器

1—U 形管；2—壳程隔板；3—管程隔板

浮头式换热器结构拆解

U 形管换热器的工作原理

U 形管换热器的结构

填料函式换热器

（4）填料函式换热器　管板只有一端与壳体固定，另一端采用填料函密封，如图 5-17 所示。管束可以自由伸缩，不会产生温差应力。适用于管、壳程温差较大或介质易结垢需要经常清洗且壳程压力不高的场合。

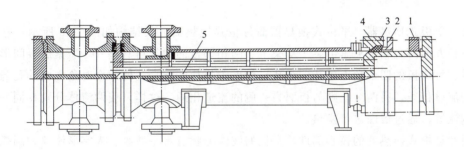

图 5-17　填料函式换热器

1—活动管板；2—填料压盖；3—填料；4—填料函；5—纵向隔板

（5）釜式换热器　壳体上部设置蒸发空间，如图 5-18 所示。适用于液-汽（气）式换热（其中液体沸腾汽化），可作为简单的废热锅炉使用。

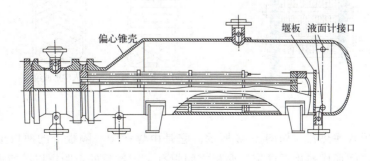

图 5-18　釜式换热器

列管换热器的操作实操练习结合工作页任务 6——列管式换热器换热操作。

6. 板式换热器

(1) 夹套换热器　如图 5-19 所示。它由一个装在容器外部的夹套构成，容器内的物料和夹套内的加热剂或冷却剂隔着容器壁进行换热，容器壁就是换热器的传热面。夹套内的加热剂和冷却剂一般只能使用不易结垢的水蒸气、冷却水和氨等。

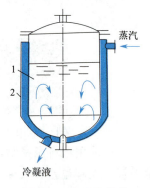

图 5-19　夹套换热器
1—反应器；2—夹套

夹套式换热器

(2) 平板式换热器　平板式换热器简称板式换热器，其结构如图 5-20 所示。它是由若干块长方形薄金属板夹紧组装于支架上。两相邻板的边缘衬有垫片，压紧后板间形成流体通道。每块板的四个角上各开一个孔，借助于垫片的配合，使两个对角方向的孔与板面一侧的流道相通，另两个孔则与板面另一侧的流道相通，这样，使两流体分别在同一块板的两侧流过，通过板面进行换热。

板片是板式换热器的核心部件，常见的波纹形状有水平波纹、人字形波纹和圆弧形波纹等，如图 5-21 所示。此类换热器适用于需要经常清洗，工作环境要求十分紧凑的场合。

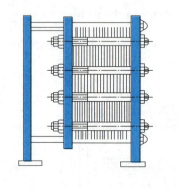

图 5-20　平板式换热器

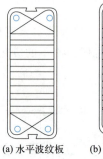 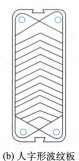 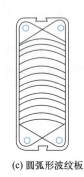
(a) 水平波纹板　(b) 人字形波纹板　(c) 圆弧形波纹板

图 5-21　板式换热器的板片

(3) 螺旋板式换热器　如图 5-22 所示。它是由焊在中心隔板上的两块金属薄板卷制而成，两薄板之间形成螺旋形通道，两板之间焊有一定数量的定距撑以维持通道间距，两端用盖板焊死。两流体分别在两通道内作逆流流动，隔着薄板进行换热，操作压强和温度不能太高。

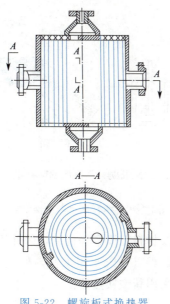

板式换热器

图 5-22 螺旋板式换热器

板式换热器的操作实操练习结合工作页任务7——板式换热器换热操作。

7. 热管换热器

热管换热器是用一种被称为热管的新型换热元件组合而成的换热装置。图 5-23 为吸液芯热管，在一根密闭的金属管内充以适量的工作液，紧靠管子内壁处装有多孔物质，称为吸液芯。全管沿轴向分成三段：蒸发段、绝热段和冷凝段。当热流体从管外流过时，热量通过管壁传给工作液，使其汽化，蒸汽沿管子的轴向流动，在冷端向冷流体放出潜热而凝结，冷凝液在吸液芯内流回热端，再从热流体处吸收热量而汽化。如此反复循环。

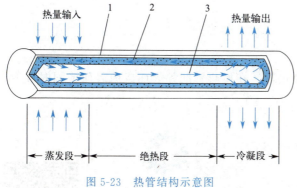

热管式换热器

图 5-23 热管结构示意图
1—壳体；2—吸液芯；3—工作介质蒸汽

目前使用的热管换热器多为箱式结构，如图 5-24 所示。热管的传热热阻很小，特别适用于低温差传热的场合。图 5-25 为热管换热器的两个应用实例。

8. 换热器的选用

管壳式换热器在传热效果、紧凑性及金属耗量方面显然不如平板式换热器、螺旋板式

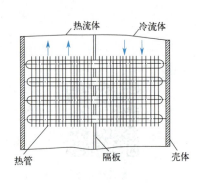 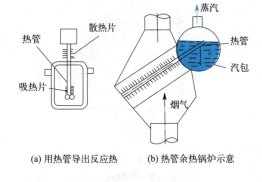

图 5-24 热管换热器　　　　　图 5-25 热管换热器应用实例

(a) 用热管导出反应热　　(b) 热管余热锅炉示意

换热器,但它具有结构简单、可在高温和高压下操作及材料范围广等优点,因此管壳式换热器仍然是目前使用最普遍的。但当操作温度和压强（<5MPa）不太高,处理量较少,或处理腐蚀性流体而要求采用贵重金属材料时,就宜采用新型换热器。

9. 列管换热器的日常维护与保养

列管换热器的日常维护和监测应观察和调整好以下工艺指标：

① 依据温度,判断介质流量大小、换热效果的好坏、是否存在泄漏、是否对换热器进行检查和清洗。

② 通过对换热器的压力及进出口压差进行测定和检验,可以判断列管的结垢、堵塞程度及泄漏等情况。

③ 轻微的外漏可以用肥皂水或发泡剂来检验,内漏可以从介质的温度、压力、流量的异常,设备的声音及振动等其他异常现象发现。

④ 流体的脉动及横向流动都会诱导换热管的振动,特别是在隔板处。

⑤ 经常检查保温层是否完好。

二、冷却设备

1. 翅片管冷却器

翅片管冷却器又称为管翅式换热器,在换热管的外表面或内表面或同时装有许多翅片,如图 5-26 所示。

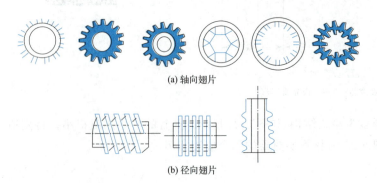

(a) 轴向翅片

(b) 径向翅片

图 5-26 常见的几种翅片

翅片式换热器工作原理

工业上常用管翅式换热器作为空气冷却器，用空气代替水。翅片多为铝制，可以用缠绕、镶嵌的办法将翅片固定在管子的外表面上，也可以用焊接固定。

2. 喷淋式冷却器

喷淋式蛇管冷却器的结构如图 5-27 所示。此类冷却器常用冷却水冷却管内热流体。各排蛇管均垂直地固定在支架上。热流体自下部总管流入各排蛇管中，从上部流出再汇入总管。冷却水由蛇管上方的喷淋装置均匀地喷洒在各排蛇管上，并沿着管外表面淋下。该装置通常置于室外通风处。

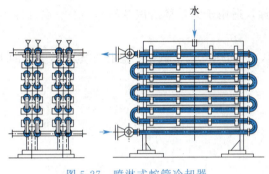

图 5-27　喷淋式蛇管冷却器

喷淋式蛇管换热器

3. 冷却塔

在自然通风冷却塔中，被加热的水从上往下流。冷却塔从下方把空气吸入并从向下流的水侧面经过，带走一部分热量。部分水在往下流时发生蒸发。

在化工生产过程中，换热器主要用于改变物料的温度，以适应后续工艺的进行。有时候，我们改变物料的温度，直至其发生相的变化，当液态物料变为气态时称为蒸发，含水物料失去水分时称为干燥，蒸发与干燥也是常用的典型单元操作，接下来我们做简要介绍。

第四节　蒸发工艺

在蒸发时，将一种固体的溶液加热到沸腾温度，将溶剂完全蒸发称为蒸发，仅部分蒸发称为蒸发浓缩。通过蒸发一种溶剂可达到不同的目的：

① 将稀溶液浓缩直接得到液体产品。
② 获取溶液中的溶剂作为产品。
③ 制取浓缩液和回收溶剂。

蒸发是一种分离过程，要连续进行，必须同时做到不断地向溶液提供热能，并及时移走产生的蒸汽。

一、蒸发器的种类

1. 自然循环型蒸发器

(1) 中央循环管式蒸发器 如图 5-28 所示，这种蒸发器在工业上应用最广泛。加热室如列管式换热器一样，由 1~2m 长的竖式管束组成，称为沸腾管，中间有一个直径较大的管子，称为中央循环管，管内的液体量比单根小管中要多；小管内的液体温度比大管中高，两种管内液体存在密度差，溶液从沸腾管上升，从中央循环管下降，构成一个自然对流的循环过程。

这种蒸发器有"标准式蒸发器"之称，适用于大量稀溶液及不易结晶、腐蚀性小溶液的蒸发。

(2) 悬筐式蒸发器 如图 5-29 所示，其加热室像个篮筐，悬挂在蒸发器壳体的下部。

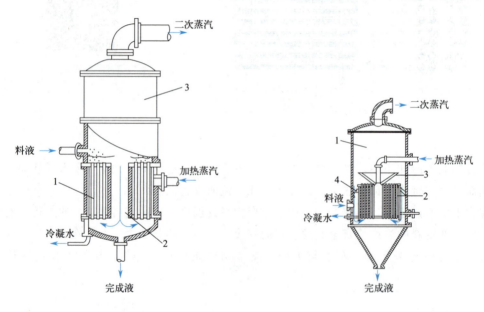

图 5-28 中央循环管式蒸发器
1—加热室；2—中央循环管；3—蒸发室

图 5-29 悬筐式蒸发器
1—蒸发室；2—加热室；3—除沫器；4—环形循环通道

加热蒸汽总管由壳体上部进入加热室管间，管内为溶液。溶液在加热管内上升，由环形通道下降，形成自然循环。

(3) 外加热式蒸发器 如图 5-30 所示，其加热室置于蒸发室的外侧。其优点是循环管不受蒸汽加热，与加热管中流体的密度差增加，使溶液的循环速度加大，有利于提高传热系数。

(4) 列文式蒸发器 不适用于蒸发黏度较大、易结晶或结垢严重的溶液，如图 5-31 所示。加热室的上部增设沸腾室，使加热管内的溶液所受的压力增大，溶液在加热管内达不到沸腾状态。随着溶液的循环上升，溶液所受的压力逐步减小，通过工艺条件的控制，使溶液在脱离加热管时开始沸腾，从而减少了溶液在加热管壁上因沸腾浓缩而析出晶体或结垢的机会。

2. 强制循环型蒸发器

结构如图 5-32 所示。在循环管下部设置一个循环泵，通过外加机械能迫使溶液以较高的速度沿一定方向循环流动。溶液由泵自下而上地送入加热室内，在流动过程中因受热而沸腾，沸腾的汽液混合物以较高的速度进入蒸发室内，室内的除沫器（挡板）促使其进行汽液分离，蒸汽自上部排出，液体沿循环管下降被泵再次送入加热室而循环。适用于处理黏度大、易析出结晶的溶液。

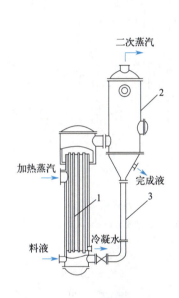
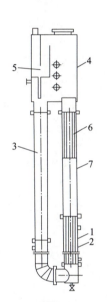
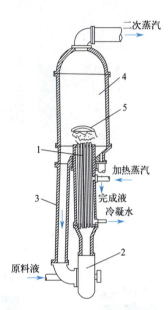

图 5-30 外加热式蒸发器
1—加热室；2—蒸发室；3—循环管

图 5-31 列文式蒸发器
1—加热室；2—加热管；3—循环管；4—蒸发室；5—除沫器；6—挡板；7—沸腾室

图 5-32 强制循环型蒸发器
1—加热管；2—循环泵；3—循环管；4—蒸发室；5—除沫器

3. 膜式蒸发器

膜式蒸发器的基本特点是溶液沿加热管呈膜状流动，一次通过加热室即可浓缩到所要求的浓度，特别适用于热敏性物料的蒸发。

（1）升膜式蒸发器　如图 5-33 所示，加热室由垂直长管组成，料液由底部进入加热管，受热沸腾后迅速汽化；生成的蒸汽在管内高速上升；料液受到高速上升蒸汽的带动，沿管壁成膜状上升，并继续蒸发；汽液在顶部分离室内分离，不适用于有结晶析出或易结垢的物料。

（2）降膜式蒸发器　如图 5-34 所示，它与升膜式蒸发器的结构基本相同，其区别在于原料液由加热管的顶部加入，从底部排出，加热管的顶部装有液膜分布器，如图 5-35 所示，以保证每根管子的内壁都能为料液所润湿，并不断有液体缓缓流过。

（3）升-降膜式蒸发器　将升膜和降膜蒸发器装在一个壳体中，即构成升-降膜式蒸发器，如图 5-36 所示。多用于蒸发过程中溶液黏度变化大、水分蒸发量不大和厂房高度受到限制的场合。

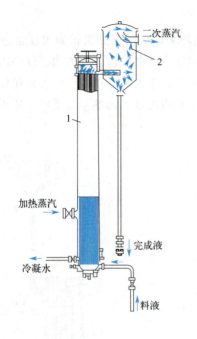 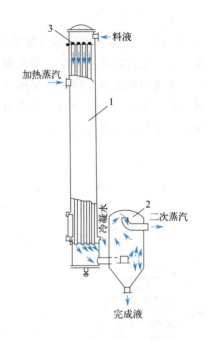

图 5-33 升膜式蒸发器
1—蒸发器；2—分离室

图 5-34 降膜式蒸发器
1—蒸发器；2—分离室；3—液膜分布器

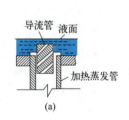 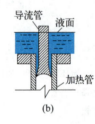 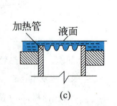 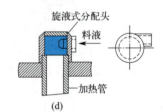

(a)　　　　　　(b)　　　　　　(c)　　　　　　(d)

图 5-35 降膜蒸发器的液膜分布器

（4）刮板薄膜式蒸发器　它是一种利用外加动力成膜的单程型蒸发器，其结构如图 5-37 所示。蒸发器有一个带加热夹套的壳体，壳体内装有旋转刮板。溶液在蒸发器上部沿切向进入，利用旋转刮板的刮带和重力的作用，使液体在壳体内壁上形成旋转下降的液膜，并在下降过程中不断被蒸发浓缩，在底部得到完成液。

4. 浸没燃烧蒸发器

如图 5-38 所示。将燃料与空气在燃烧室混合燃烧后产生的高温烟气直接喷入被蒸发的溶液中，蒸发出的水分与烟气一起从蒸发器的顶部直接排出。不适用于不可被烟气污染的物料的处理。

5. 板式降膜蒸发器

板式降膜蒸发器是近年发展起来的一种新型高效节能蒸发设备，如图 5-39 所示，是蒸发器未来发展的一个方向。

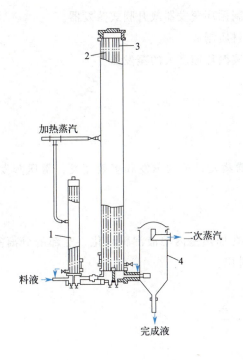

图 5-36 升-降模式蒸发器

1—预热器；2—升膜加热室；3—降膜加热室；4—分离室

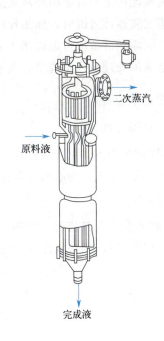

图 5-37 刮板薄膜式蒸发器

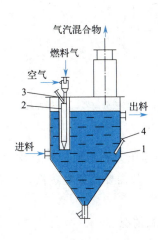

图 5-38 浸没燃烧蒸发器

1—外壳；2—燃烧室；3—点火口；4—测温管

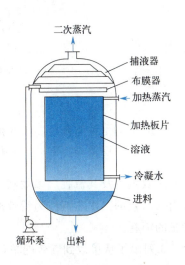

图 5-39 板式降膜蒸发器结构示意

6. 蒸发器的选用

① 对黏度较高或经加热后黏度会增大的料液，不宜选用自然循环型。

② 长时间受热易分解、易聚合以及易结垢的溶液蒸发时，应采用薄膜式或真空度较高的蒸发浓缩器。

③ 要使有结晶的溶液正常蒸发，则要选择带搅拌的或强制循环蒸发器。

④ 易发泡的溶液宜采用外热式蒸发器、强制循环蒸发器或升膜式蒸发器。
⑤ 蒸发腐蚀性溶液时，加热管应采用特殊材质制成。
⑥ 易结垢的溶液应考虑选择便于清洗和溶液循环速度大的蒸发器。
⑦ 溶液的处理量也是选型应该考虑的因素。

二、蒸发工艺流程

1. 蒸发操作的分类

按不同的分类方式可分为：自然蒸发和沸腾蒸发；单效蒸发和多效蒸发；常压蒸发、加压蒸发和减压蒸发；间歇蒸发和连续蒸发。

2. 蒸发流程

（1）单效蒸发及其流程　如图5-40所示，在加热室内溶液沸腾汽化，上部的分离室装有除沫装置，蒸汽则进入冷凝器内，冷凝后排出。

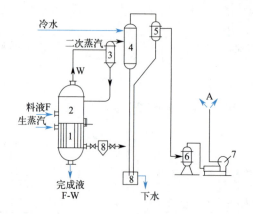

图5-40　单效真空蒸发流程

1—加热室；2—分离室；3—二次分离器；4—混合冷凝器；5—汽液分离器；6—缓冲罐；
7—真空泵；8—冷凝水排除器

（2）多效蒸发及其流程　多效蒸发时要求后效的操作压力和溶液的沸点均较前效低，因此可引入前效的二次蒸汽作为后效的加热介质，仅第一效需要消耗生蒸汽，从而大大降低了能量的消耗。

表5-9列出了从单效到五效的单位蒸汽消耗量的大致情况。

表5-9　单位蒸汽消耗量情况

效数	单效	双效	三效	四效	五效
D/W	1.1	0.57	0.4	0.3	0.27

目前工业生产中使用的多效蒸发装置一般为3～5效。

根据蒸汽流向与物料流向的相对关系，可将多效蒸发操作分为以下四种流程。

① 并流加料流程。并流加料流程是工业上最常见的加料方法，即溶液与加热蒸汽的流向相同，都是由第一效顺序流至末效。

② 逆流加料流程。如图 5-41 所示，加热蒸汽从第一效顺序流至末效，而原料液则由末效加入，然后用泵依次输送至前效，完成液最后从第一效底部排出。

③ 平流加料流程。如图 5-42 所示，该流程中每一效都送入原料液，放出完成液，加热蒸汽的流向从第一效至末效逐效依次流动。

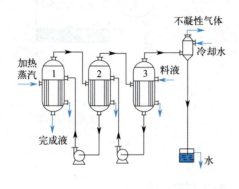

图 5-41　逆流加料流程

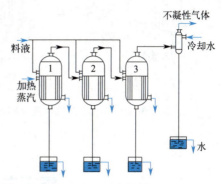

图 5-42　平流加料流程

④ 错流加料流程。在各效间兼有并流和逆流加料法，操作比较复杂。

3. 蒸发器的节能措施

（1）额外蒸汽的引出　在多效蒸发操作中，有时将二次蒸汽引出一部分作为其他加热设备的热源，这部分蒸汽称为额外蒸汽。其流程如图 5-43 所示，这可使整个系统总能量消耗下降。

（2）冷凝水显热的利用　如图 5-44 所示。

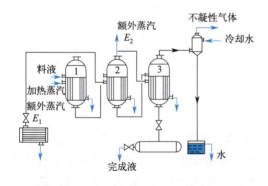

图 5-43　引出额外蒸汽的蒸发流程

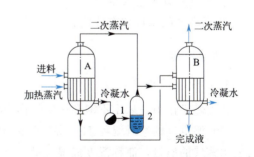

图 5-44　冷凝水的闪蒸

1—冷凝水排出器；2—冷凝水闪蒸器；A，B—蒸发器

（3）热泵蒸发　如图 5-45 所示。

（4）多级多效闪蒸　如图 5-46 所示，稀溶液经加热器加热至一定温度后进入减压的闪蒸室，闪蒸出部分水而溶液被浓缩；闪蒸产生的蒸汽用来预热进入加热器的稀溶液，以回收其热量，本身变为冷凝液后排出。

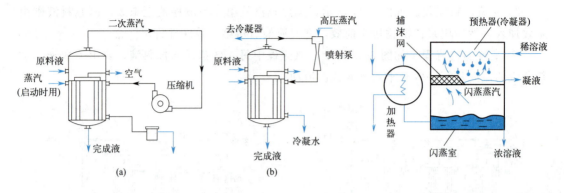

图 5-45 二次蒸汽再蒸发流程　　　　　　　图 5-46 闪蒸示意图

第五节　干燥工艺

化工生产常用的去湿方法中,机械去湿法能耗少,费用低,但湿分除去不彻底;物理去湿法受吸湿剂平衡浓度的限制,只适用于微量水分的脱除。热能去湿法湿分由液相变为气相,除湿较为彻底,但能耗大。因此,一般先采用机械去湿法除去湿物料中的大部分湿分,然后再利用热能去湿法除湿以制成符合规定的产品。

一般而言,干燥在工业生产中的作用主要有以下几个方面:

① 降低物料含水量,以便于贮藏和运输。

② 满足后续工艺要求。

③ 提高产品质量和有效成分。

一、物理基础

1. 湿空气的性质

在干燥操作中,采用不饱和湿空气作为干燥介质,故首先讨论湿空气的性质。

(1) 湿空气的绝对湿度 H　湿空气的绝对湿度是指湿空气中单位质量绝干空气所带有的水蒸气的质量,简称湿度或湿含量,以 H 表示,其单位为 kg 水/kg 干空气,即

$$H = \frac{\text{湿空气中水蒸气的质量}}{\text{湿空气中绝干空气的质量}} \tag{5-28}$$

当湿空气中水蒸气分压与同温度下的饱和蒸气压相等时,则表明湿空气呈饱和状态,此时的湿度称为饱和湿度,用 H_s 表示,即

$$H_s = 0.622 \frac{p_s}{p - p_s} \tag{5-29}$$

式中,p_s 为在湿空气的温度下,纯水的饱和蒸气压,Pa。

(2) 湿空气的相对湿度　湿空气的相对湿度是指在一定温度和总压下,湿空气中的水汽分压与同温度下饱和蒸气压之比的百分数,用符号 φ 表示,即

$$\varphi = \frac{p_v}{p_s} \times 100\% \tag{5-30}$$

相对湿度表明了空气的吸湿能力，φ 值越大，该湿空气越接近饱和，其吸湿能力越差；反之，φ 值越小，该湿空气的吸湿能力越强。

(3) 湿空气的比体积　1kg 干空气及其所带 H kg 水汽的总体积称为湿空气的比体积或湿容积，用符号 V_H 表示，单位为 m³/kg（干空气）。湿空气的温度越高，湿度越大，比体积越大。

(4) 湿空气的比热容　常压下，将 1kg 干空气和所含有的 H kg 水汽的温度升高 1K 所需要的热量，称为湿空气的比热容，简称湿热，用符号 c_H 表示，单位为 kJ/(kg 干空气·K)，湿空气的比热容仅与湿度有关。

(5) 湿空气的比焓　1kg 干空气及其所含有的 H kg 水汽共同具有的焓，称为湿空气的比焓，简称湿焓，用符号 I_H 表示，单位为 kJ/kg 干气。湿空气的温度越高，湿度越大，焓值越大。

(6) 空气的干球温度和湿球温度　干球温度是空气的真实温度，即用普通温度计所测出的湿空气的温度，简称温度，用 t 表示，单位为℃或 K。

湿球温度是将温度计的感温球用纱布包裹，纱布用水保持湿润，这样的温度计称为湿球温度计，它在空气中所达到平衡或稳定时的温度称为空气的湿球温度，用 t_w 表示，单位为℃或 K。如图 5-47 所示。

湿球温度 t_w 实质上是湿空气与湿纱布之间传质和传热达到稳定时湿纱布中水的温度，空气的湿球温度 t_w 总是低于 t，两者差距愈小，表明空气中的水分含量愈接近饱和。

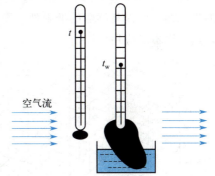

图 5-47　干球温度和湿球温度

湿球温度的工程意义在于：在干燥过程中的恒速干燥阶段，湿球温度即是湿物料表面的温度。

(7) 露点　不饱和湿空气在总压和湿度不变的情况下冷却降温至饱和状态时的温度称为该湿空气的露点，用符号 t_d 表示，单位为℃或 K。

湿空气在露点温度时的湿度为饱和湿度，其数值等于未冷却前原空气的湿度，若将已达到露点的湿空气继续冷却，则会有水珠凝结析出，湿空气中的湿含量开始减少。

(8) 绝热饱和温度　图 5-48 为绝热饱和器，设有温度为 t、湿度为 H 的不饱和空气在绝热饱和器内与大量的水密切接触，水用泵循环，若设备保温良好，则热量只是在气、液两相之间传递，而对周围环境是绝热的，是等焓过程。当空气被水汽饱和时，空气的温度不再下降，且等于循环水的温度，此时该空气的温度称为绝热饱和温度，用符号 t_{as} 表示。

从以上的讨论可知，对于不饱和的湿空气，有 $t > t_w = t_{as} > t_d$，而对于已达到饱和的湿空气，则有 $t = t_w = t_{as} = t_d$。

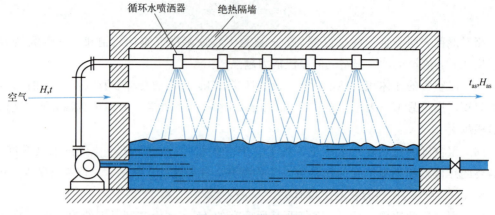

图 5-48 绝热饱和器

2. 湿空气的湿度图

图 5-49 为常压下湿空气的 H-I 图,为使各关系曲线分散开,采用两坐标夹角为 135°的坐标图,以提高读数的准确性。图 5-49 是按总压为常压制得的,若系统总压偏离常压较远,则不能应用此图。

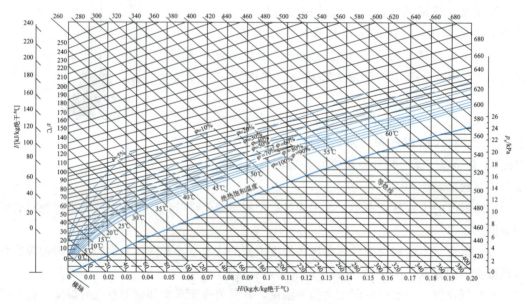

图 5-49 常压下湿空气 H-I 图

图中包含等湿线、等焓线、等温线、等相对湿度线、水汽分压线。根据湿空气任意两个独立参数,如 t-t_w、t-t_d、t-φ 等,就可以在 H-I 图上定出一个交点,此点即为湿空气的状态点,由此点可查得其他各项参数。

3. 物料含水量的表示方法

(1) 湿基含水量 即以湿物料为计算基准时物料中水分的质量分数,用符号 ω 表示,如式(5-31) 所示。

$$湿基含水量\ \omega = \frac{湿物料中水分的质量}{湿物料的质量} \times 100\% \tag{5-31}$$

(2) 干基含水量　不含水分的物料通常称为绝干物料或干料。以绝干物料为基准时湿物料中的含水量称为干基含水量，用符号 X 表示，即

$$干基含水量\ X = \frac{湿物料中水分的质量}{湿物料中绝干物料的质量} \tag{5-32}$$

在工业生产中，通常用湿基含水量来表示物料含水量。两种含水量之间的换算关系为

$$X = \frac{\omega}{1-\omega}\ 或\ \omega = \frac{X}{1+X} \tag{5-33}$$

4. 物料中所含水分的性质

按物料与水分结合力的状况，可分为结合水分与非结合水分。按物料所含水分在一定干燥条件下能否用干燥方法除去，可分为平衡水分和自由水分。

(1) 结合水分　包括物料细胞壁内的水分、物料内毛细管中的水分以及以结晶水的形态存在于固体物料之中的水分等。这种水分与物料结合力强，其蒸气压低于同温度下纯水的饱和蒸气压，除去结合水分较困难。

(2) 非结合水分　包括机械地附着于固体表面的水分，这种水分与物料的结合力弱，其蒸气压与同温度下纯水的饱和蒸气压相同，除去非结合水分较容易。

(3) 平衡水分　当湿物料与一定状态的湿空气接触时，若湿物料表面所产生的水汽分压等于空气中的水汽分压，湿空气和湿物料两者处于动态平衡状态，湿物料中水分含量为一定值，该含水量就称为该物料在此空气状态下的平衡含水量，又称平衡水分，用 X^* 表示，单位为 kg 水/kg 干料。

(4) 自由水分　湿物料中所含的水分大于平衡水分的那一部分，称为自由水分。

湿物料的平衡水分可由实验测得。图 5-50 为实验测得的几种物料在 25℃ 时的平衡水分 X^* 与湿空气相对湿度之间的关系，即干燥平衡曲线。由图可知，在相同的空气相对湿度下，不同的湿物料其平衡水分不同；同一种湿物料平衡水分随着空气的相对湿度减小而降低。

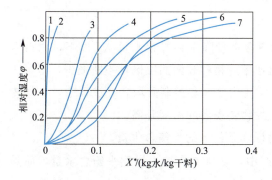

图 5-50　某些物料的平衡曲线（25℃）

1—石棉纤维板；2—聚氯乙烯粉；3—木炭；
4—牛皮纸；5—黄麻；6—小麦；7—土豆

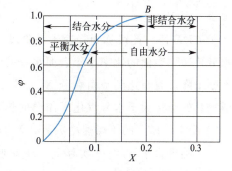

图 5-51　固体物料中的水分性质

四种水分之间的定量关系如图 5-51 所示，结合水分、非结合水分的含量与空气的状

态无关，是由物料自身的性质决定的；而平衡水分与自由水分的含量，与空气状态有关，是由物料性质及空气状态共同决定的。

含水量的计算练习结合工作页任务 8——流化床干燥器操作。

5. 干燥速率曲线

（1）干燥速率曲线的获得　干燥实验采用大量空气干燥少量湿物料，即认为实验是在恒定干燥条件下进行的。根据实验时的干燥时间和物料含水量之间的关系绘制得到的曲线称为干燥曲线，如图 5-52 中下图所示。将干燥曲线数据转化为干燥速率 U，与物料含水量 X 绘成干燥速率曲线，如图 5-52 中上图所示。

（2）干燥速率曲线分析

① AB 段。AB 段为湿物料不稳定的加热过程，物料含水量由初始含水量降至与 B 点相应的含水量，而温度则由初始温度升高至与空气的湿球温度相等的温度。一般该过程的时间很短，在分析干燥过程中常可忽略。

② BC 段。在 BC 段干燥速率保持恒定，称为恒速干燥阶段。在此阶段中，物料表面充分润湿。湿物料内部的水分向其表面传递的速率大于等于水分自物料表面汽化的速率，故恒速阶段干燥速率的大小取决于表面水分的汽化速率，因此又称为表面汽化控制阶段。

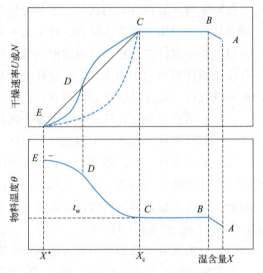

图 5-52　干燥曲线（下图）
与干燥速率曲线（上图）

③ C 点。由恒速阶段转为降速阶段的点称为临界点，对应湿物料的含水量称为临界含水量，用 X_c 表示。

④ CDE 段。此段称为降速干燥阶段。物料含水量降至临界含水量 X_c 以下，物料内部水分传递到表面的速率小于表面水分的汽化速率，物料表面润湿区域不断减少，干燥速率不断下降，直至达到平衡水分 X^*。因此，称为内部迁移控制阶段，此过程中，空气传给湿物料的热量大于水分汽化所需要的热量，故物料表面的温度升高。

⑤ E 点。E 点的干燥速率为零，X^* 即为操作条件下的平衡含水量。

（3）临界含水量 X_c　实际上，在工业生产中，物料不会被干燥到平衡含水量，而是在临界含水量和平衡含水量之间，这需视产品要求和经济核算而定。确定 X_c 对计算及强化干燥过程均有重要意义。

（4）影响干燥速率的因素　对于一个选定的干燥设备，影响干燥速率的因素主要有湿物料性质和干燥介质性质两方面。

① 物料的温度越高，则干燥速率越大，物料的最初、最终以及临界含水量决定干燥

恒速和降速阶段所需时间的长短。结构越致密，干燥越难。

② 干燥介质（空气）的温度越高，湿度越低，则恒速干燥阶段的干燥速率越大。增大空气流量可增加干燥过程推动力，提高干燥速率。生产中要综合考虑，合理选择。

干燥速率曲线的测绘练习结合工作页任务 9——干燥速率曲线的测定。

二、干燥方法

1. 对流干燥

在进行对流干燥时，通过对流将干燥所需的热量从热气流中（大多为热空气）传递到待干燥物料上。

2. 接触干燥

把待干燥物料放在加热的表面上或者从热表面上方通过。热量主要通过热传导传递到待干燥物料上。

3. 辐射干燥

用红外线发射器将热量辐射到待干燥物料上实现热传导。为了能够传递足够多的热量，辐射温度必须超过 400℃。

4. 真空干燥

对温度敏感的物料必须在尽量低的温度下进行干燥。由此避免对物料产生热损伤或损害。

红外干燥器

真空耙式干燥器

带式真空干燥器

箱式干燥器的原理

三、干燥设备

在化工生产中，由于被干燥物料形状和性质的多样性、生产规模或生产能力的差异性、干燥产品的要求不同，干燥器的形式和干燥操作的组织也是多种多样的。下面就对几种常用干燥器进行简单介绍。

1. 厢式干燥器（盘式干燥器）

厢式干燥器是古老的干燥设备，主要是以热空气通过湿物料表面而达到干燥的目的，是典型的常压间歇式干燥设备。小型的称为烘箱，大型的称为烘房。

图 5-53 为水平气流厢式干燥器的结构示意图。它主要由外壁为砖坯或包以绝热材料的钢板所构成的厢形干燥室和放在小车支架上的物料盘等组成。操作时，将需要干燥的湿物料放在物料盘中，用小车一起推入干燥室内。空气加热至一定程度后，由风机送入干燥器，沿图中箭头指示方向进入下部几层物料盘，将其热量传递给湿物料，并带走湿物料所汽化的水汽，湿物料经干燥达到质量要求后，打开厢门，取出干燥产品。

2. 气流干燥器

如图 5-54 所示。热空气由鼓风机经加热器加热后送入气流管下部，湿物料由加料器加入，悬浮在高速气流中，并与热空气并流向上流动，水分被汽化除去。干物料随气流进入旋风分离器，与湿空气分离后被收集。

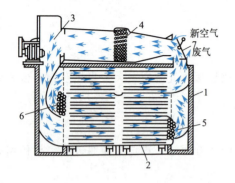

图 5-53 水平气流厢式干燥器结构示意图

1—干燥室；2—小车；3—风机；
4～6—加热器；7—蝶形阀

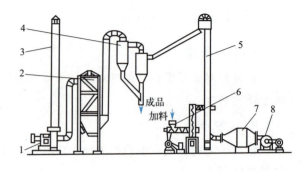

图 5-54 气流干燥器示意图

1—抽风机；2—袋滤器；3—排气管；4—旋风分离器；
5—干燥管；6—螺旋加料器；7—加热器；8—鼓风机

3. 流化床干燥器

图 5-55 为单层圆筒流化床干燥器，操作气速控制在一定范围内，使湿物料悬浮于气流中且不被带走，料层呈现流化沸腾状态，物料与热空气充分接触，实现热质传递而达到干燥目的。

沸腾床干燥器

流化床干燥器的操作实操练习结合工作页任务 8——流化床干燥器操作、任务 9——干燥速率曲线的测定。

4. 喷雾干燥器

如图 5-56 所示。空气经预热器预热后通入干燥室的顶部，料液由送料泵送至雾化器，经喷嘴喷成雾状而分散于热气流中，雾滴在向下运动的过程中得到干燥，干晶落入室底。适用于黏性溶液、悬浮液以及糊状物等可用泵输送的物料。

5. 转筒干燥器

转筒干燥器如图 5-57 所示，俗称转窑。团块物料及颗粒较大难以流化的物料可在转筒干燥器中获得一定程度的分散，从而使湿物料达到干燥要求。

6. 闪蒸干燥机

闪蒸干燥机有一个垂直的干燥管，从下方吹入热的干燥空气。干燥后物料颗粒变轻，向上吹出。适合用于小粒的和粉末状的松散干燥物料。

图 5-55 单层圆筒流化床干燥器示意图

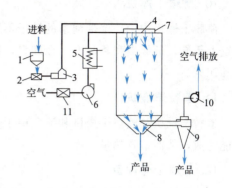

图 5-56 喷雾干燥器示意图

1—料罐；2—过滤器；3—泵；4—雾化器；5—预热器；
6—鼓风机；7—空气分布器；8—干燥室；9—旋风分离器；
10—排风机；11—过滤器

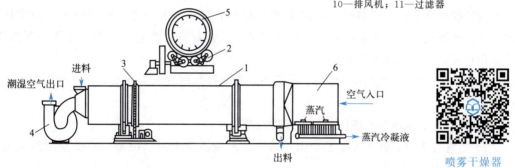

图 5-57 转筒干燥器示意图

1—转筒；2—托轮；3—齿轮（齿圈）；
4—风机；5—抄板；6—蒸汽加热器

7. 回转筒干燥机

回转筒干燥机有一个作为干燥容器的圆柱形、球形或者双锥形转鼓。转鼓进行旋转或者摆动并用加热蒸汽加热。物料随着转鼓不断翻动。通过转鼓壁加热物料。适合用于颗粒状的松散干燥物料。

8. 桨叶干燥机

桨叶干燥机是一种卧式的圆柱形容器，其中有一个被转轴带动而作缓慢转动的搅拌桨叶。真空密封的容器有一个用于加热的双层套。物料被搅拌桨叶不断翻动，热的容器壁和搅拌桨叶加热物料并释放出水汽。适用于在真空下干燥潮湿的物料。

9. 滚筒干燥机

滚筒干燥机有一个或两个可加热的大干燥滚筒，表面光滑或有槽。将糊状的物料不断摊在干燥滚筒上形成薄薄的一层并高速将其加热，在转动期间蒸发物料中的液体。物料干燥后，用一个刮刀从滚筒上将干燥的物料剥下。适用于干燥黏稠以及膏状的产品。

10. 薄膜干燥机

薄膜干燥机中，一个带刮条的转子不断在热的内壁上把湿物料摊成薄薄的一层，物料在壁上干燥。最终被刮条刮下，在卸料口物料被剥离并送出。适用于连续干燥黏稠的悬浮液和泥浆。

11. 造粒干燥机

造粒干燥机是喷射干燥机和流化层干燥机的一种组合类型。其干燥和造粒在几分钟内就能完成，从而节省热量。

12. 冷冻干燥设备

冷冻干燥装备有冷却管道和冷却底板，其中流动着冷冻盐水。将液体物料倒入平的盘子中，然后再放到冷却底板上，进行冷冻干燥。

13. 干燥器的选用

为确保优化生产、提高效益，对干燥器有如下基本要求：能保证干燥产品的质量要求；要求干燥速率快，干燥时间短，设备尺寸小、能耗低；热效率要高；操作控制方便，劳动条件良好，附属设备简单。

在化工生产中，为完成一定的干燥任务，需要选择适宜的干燥器，通常考虑以下各项因素：

① 根据待干燥物料的特性选择干燥器类型。

② 物料对热的敏感性决定了干燥过程中物料的温度上限，但物料承受温度的能力还与干燥时间的长短有关。

③ 物料的黏附性关系到干燥器内物料的流动以及传热与传质的进行。

④ 对于吸湿性物料或临界含水量很高的物料，应选干燥时间长的干燥器。

⑤ 微弱的正压可避免外界向内部泄漏；当不允许向外界泄漏时则采用微负压操作；而真空操作费用昂贵，仅在有必要的情况下才推荐采用。

⑥ 干燥产品的质量及价格。

⑦ 在满足干燥的基本要求的前提下，尽量选择热效率高的干燥器。

⑧ 应选择减少废气排放量或对排出废气加以处理的干燥器。

⑨ 设备的制造、维修及操作设备的劳动强度、噪声问题。

干燥器的最终选择通常是一个综合评价的方案。

表 5-10 为各类干燥器的优缺点和适用范围。

表 5-10 各类干燥器优缺点和适用范围

类型	优点	缺点	适用范围
厢式干燥器	结构简单，适应性强，干燥程度可通过改变干燥时间和干燥介质的状态来调整	物料不能翻动，干燥不均匀，装卸劳动强度大，操作条件差等	一般用于小规模、允许物料在干燥器内停留时间长而不影响产品质量的物料干燥，也适用于多种粒状、片状、膏状、不允许粉碎和较贵重的物料干燥

续表

类型	优点	缺点	适用范围
气流干燥器	结构简单、占地面积小、干燥时间短、操作稳定、处理量大、便于实现自动化控制	气流阻力大,动力消耗大,设备太高,产品易磨碎,旋风分离器负荷大	特别适合于热敏性物料的干燥,当要求干燥产物的含水量很低,因干燥时间太短不能达到干燥要求时,应改用其他低气速干燥器继续干燥
流化床干燥器	结构简单、造价较低、干燥速率快、热效率较高、物料停留时间可以任意调节、气固分离比较容易	不适用于因湿含量高而严重结块,或在干燥过程中粘连成块的物料,会造成塌床,破坏正常流化	在工业上应用广泛,已发展成为粉粒状物料干燥的主要手段
喷雾干燥器	干燥速率快,一般只需要3~5s,适用于热敏性物料,可以从料浆直接得到粉末产品,能够避免粉尘飞扬,改善了劳动条件,操作稳定,便于实现连续化和自动化生产	设备庞大,能量消耗大,热效率较低	适合于干燥热敏性物料,如牛奶、蛋制品、血浆、洗衣粉、抗生素、酵母和染料等,已广泛应用于食品、医药、燃料、塑料及化学肥料等行业
转筒干燥器	生产能力大,气体阻力小,操作方便,操作弹性大,可用于干燥粒状和块状物料	钢材耗用量大,设备笨重,基建费用高	物料在干燥器内停留时间长,且物料颗粒之间的停留时间差异较大,不适合对湿度有严格要求的物料

第六章 精馏法分离均相物系

在化工生产中多数的物料为液体混合物，在石油制得汽柴油工艺、粮食发酵制得乙醇工艺、从液态空气中分离得到氧和氮的工艺过程中，产品都是互溶、均质的液相混合物，想要得到高纯度的物料或回收有用组分，必须进行分离和精制，精馏就是常用的分离液相均相混合物的化工单元操作。

第一节 认识蒸馏工艺

一、蒸馏在化工生产中的应用

蒸馏操作是最早实现工业化的典型单元操作，具有以下特点。
① 通过蒸馏分离可以直接获得所需要的产品。
② 蒸馏适用于各种浓度混合物的分离。
③ 蒸馏分离的适用范围广。
④ 蒸馏操作耗能较大，节能是要考虑的一个问题。

二、蒸馏与精馏的关系

按操作压力不同，蒸馏可分为常压蒸馏、减压蒸馏和加压蒸馏三类。

按蒸馏原理不同，可分为以下四类。

1. 简单蒸馏

又称为微分蒸馏，如图 6-1 所示。操作时将原料液一次加入蒸馏釜中，在恒压下加热使之部分汽化，产生的蒸气进入冷凝器中冷凝，随着过程的进行，不断地将蒸气移走，釜液中易挥发组分含量不断降低，馏出液

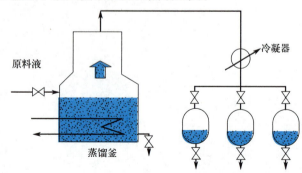

图 6-1 简单蒸馏流程图

的浓度也逐渐降低，故需分罐贮存不同组成范围的馏出液。当釜液组成达到规定值时，即停止蒸馏操作，釜液一次排出。此蒸馏过程是间歇操作，适用于相对挥发度相差较大，分离程度要求不高的互溶混合物的粗略分离。

简单蒸馏过程

间歇蒸馏过程

平衡蒸馏过程

2. 平衡蒸馏

又称闪蒸，是将原料液连续地加入加热器预热至要求的温度，经减压阀减压至预定压力进入闪蒸罐，如图 6-2 所示。在闪蒸罐内，由于压力的降低使过热液体在减压情况下大量自蒸发，气相中含易挥发组分多，上升至塔顶冷凝器全部冷凝成塔顶产品，而未汽化的液相中难挥发组分浓度增加，成为底部产品。这种蒸馏方式可连续进料，连续移出蒸气和液相，是一个连续的稳定过程，用于分离要求不高或易于分离的物系。

蒸馏的操作实操练习结合工作页任务 10——板式塔全回流操作。

3. 精馏

精馏是按照均相混合液中各组分挥发度的不同，同时进行气相多次部分冷凝和液相多次部分汽化而将混合液加以分离的，分离后可获得纯度高的易挥发组分和难挥发组分，广泛用于化工生产的各种场合。

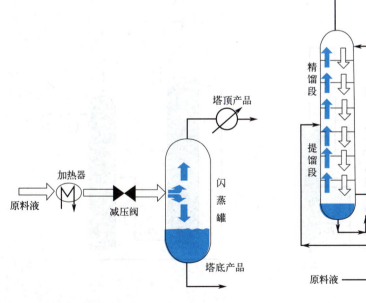

图 6-2　平衡蒸馏流程图

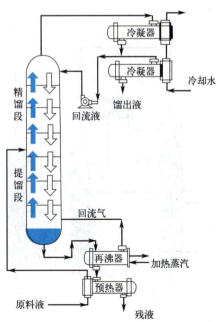

图 6-3　精馏过程流程图

典型的连续精馏过程如图 6-3 所示。工业生产中的精馏操作是在精馏塔内进行的，塔内通常有一些塔板或充填一定高度的填料，塔板上的液层或填料的湿表面都是气液两相进行热量交换和质量交换的场所。塔底蒸气回流和塔顶液相回流是精馏过程连续进行的必要条件，因此通常在精馏塔塔底装有再沸器、塔顶装有冷凝器。再沸器将塔底液流的一部分汽化，汽化后产生的气流沿塔上升，与下降的液流接触并进行传质和传热，使气相中易挥发组分含量逐板增高，直至塔顶达到分离要求。塔顶冷凝器可使上升气流冷凝成液体，部分作为塔顶产品，余下部分返回塔内，称为回流。回流液在塔内下降的过程中逐板与气流接触进行传热和传质，液相中难挥发组分含量逐板提高，直至塔底达到分离要求。

通常，将原料液进入的那层板称为进料板，进料板以上的塔段称为精馏段，进料板以下的塔段（包括进料板）称为提馏段。

4. 特殊精馏

对于普通精馏无法分离或分离时操作费用和设备投资很大，经济上不合算的情况，宜采用特殊精馏（包括恒沸精馏和萃取精馏）。

(1) 恒沸精馏的基本依据　向双组分（A+B）混合液中加入第三组分 C（称为挟带剂或恒沸剂），此组分与原溶液中的一个或两个组分形成新的恒沸物（AC、BC 或 ABC），体系变成恒沸物纯组分溶液，而新的恒沸物与纯 A（或 B）的相对挥发度大，可以用一般精馏法分离。恒沸精馏常用于相对挥发度小而难分离溶液的分离，如图 6-4 所示。

(2) 萃取精馏的依据　向双组分混合液中加入第三组分 E（称为萃取剂）以增加其相对挥发度。萃取剂是一种挥发性很小的溶剂，与原溶液中 A、B 两组分间的分子作用力不同，能有选择性地溶解 A 或 B，从而改变其蒸气压，原溶液有恒沸物的也被破坏，如图 6-5 所示。

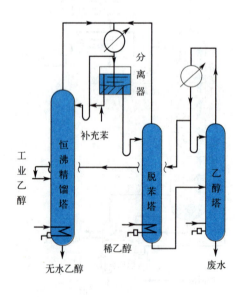

图 6-4　恒沸精馏制取无水乙醇

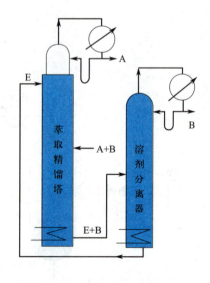

图 6-5　环己烷-苯的萃取精馏流程

第二节 精馏的物理基础

在化工生产中多数的物料为液体混合物，为得到高纯度的物料或回收有用组分，蒸馏和精馏是常用的分离和精制方法。

一、精馏的汽液相平衡

1. 双组分理想溶液的汽液相平衡

蒸馏过程是物质（组分）在汽液两相间，由一相转移到另一相的传质过程，汽液两相达到平衡状态是传质过程的极限。汽液平衡关系是分析蒸馏原理和解决精馏计算问题的基础。

理想溶液遵循拉乌尔定律，即在一定温度下平衡时溶液上方蒸气中任一组分的分压，等于此纯组分在该温度下饱和蒸气压乘以其在溶液中的摩尔分数。理想物系汽相服从道尔顿分压定律。

泡点方程表示平衡物系的温度和液相组成的关系。在一定压力下，液体混合物开始沸腾产生第一个气泡的温度，称为泡点温度（简称泡点）。

露点方程表示平衡物系的温度与汽相组成的关系。在一定的压力下，混合蒸气冷凝时出现第一个液滴时的温度，称为露点温度（简称露点）。汽液平衡时，露点温度等于泡点温度。

挥发度表示某种液体挥发的难易程度，对于纯组分通常用它的饱和蒸气压来表示。而溶液中各组分的挥发度则用它在一定温度下蒸气中的分压和与之平衡的液相中该组分的摩尔分数之比来表示，即

$$\text{组分 A 的挥发度：} v_A = \frac{p_A}{x_A} \tag{6-1}$$

$$\text{组分 B 的挥发度：} v_B = \frac{p_B}{x_B} \tag{6-2}$$

组分挥发度的大小需通过实验测定。相对挥发度，用 α 表示，通常为易挥发组分的挥发度与难挥发组分的挥发度之比，即

$$\alpha = \frac{v_A}{v_B} = \frac{p_A x_B}{p_B x_A} = \frac{y_A x_B}{y_B x_A} \tag{6-3}$$

对于二元物系，轻组分的两相组成关系为

$$y = \frac{\alpha x}{1 + (\alpha - 1)x} \tag{6-4}$$

式(6-4) 就是用相对挥发度表示的相平衡关系，称为相平衡方程。从式(6-4) 可知，当 $\alpha = 1$ 时，不能用蒸馏方法分离；当 $\alpha > 1$ 时，可以用蒸馏方法分离，而且 α 越大蒸馏分离越容易。因此，用相对挥发度可以判定一个物系能否用普通蒸馏方法分离以及分离的难

易程度。在工业操作中，常常把相对挥发度视为常数。

2. 汽液平衡相图

（1）温度-组成图（t-x-y 图）　在总压 p 为恒定值的条件下，苯-甲苯混合液的汽（液）相组成与温度的关系可表达成图 6-6 所示的曲线。这是一张直角坐标图，横坐标表示液相（或汽相）组成（摩尔分数 x、y），纵坐标表示温度 t，常称为理想溶液的 t-x-y 图，总压一定的 t-x-y 图是分析精馏过程的基础。

t-x-y 图上有两条曲线，上方曲线为 t-y 线，称为饱和蒸气线、露点线或汽相线；下方曲线为 t-x 线，称为饱和液体线、泡点线或液相线。两条曲线将图分成三个区域，t-x 线下方为液相区；t-y 线上方为过热蒸气区或汽相区；两曲线包围的区域表示汽液共存，称为汽液共存区。

如图 6-6 所示，组成为 x_1、温度为 t_1 的混合液被加热至 t_2 时有第一个气泡产生，溶液开始沸腾，t_2 即为该溶液的泡点。将其继续加热，该溶液部分汽化，当加热至 t_4 则全部汽化为饱和蒸气，其组成 $y_1=x_1$，继续加热则变成过热蒸气。反之，若将温度为 t_5、组成为 y_1 的过热蒸气降温，则当温度降至 t_4 时蒸气开始冷凝产生第一个液滴，称为该混合气体的露点。通常，t-x-y 关系的数据由实验测得。

（2）汽液相平衡图（x-y 图）　蒸馏计算中广泛应用的不是 t-x-y 图，而是一定总压下的 x-y 图。图 6-7 所示为苯-甲苯混合液在总压一定时的 x-y 图。曲线表示达到平衡时汽、液组成间的关系，称为平衡曲线。曲线上任一点 D 表示组成为 x_1 的液相与组成为 y_1 的汽相互成平衡。对角线为 $y=x$ 的直线。对于易挥发组分，达到汽液平衡时，y 总是大于 x，其平衡线总是位于对角线的上方。而且，平衡线偏离对角线越远，表示该溶液越易分离。

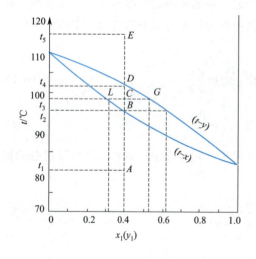

图 6-6　苯-甲苯混合液的 t-x-y 图

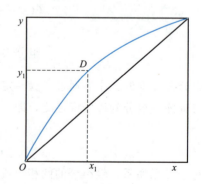

图 6-7　双组分理想溶液的 x-y 图

溶液的 x-y 平衡数据一般由实验测出，载于有关手册中，也可通过 t-x-y 图查取。工程计算时使用 x-y 图，若总压变化不大，可不考虑总压对平衡曲线的影响。而 t-x-y 图随总压的变化比较大，一般不能忽略不计。精馏计算中使用 x-y 图比使用 t-x-y 图更为

3. 双组分非理想溶液的汽液相平衡

若混合溶液中溶液上方各组分的蒸气分压较在理想溶液情况时大，乙醇-水、丙醇-水等物系是对拉乌尔定律具有很大正偏差的典型例子。若混合溶液中溶液上方各组分的蒸气分压较在理想溶液情况时小，硝酸-水、氯仿-丙酮等物系则是具有很大负偏差的典型例子。

图 6-8 为乙醇-水溶液混合液的 t-x-y 图。由图可见，液相线和汽相线在点 M 上重合，两相组分相等，称为恒沸组成，M 称为恒沸点。该点的溶液称为恒沸液。因点 M 的温度比任何组成该溶液的沸点温度都低，故这种具有正偏差的非理想溶液又称最低恒沸点的溶液。图 6-9 是乙醇-水溶液的 x-y 图，M 点溶液的相对挥发度等于 1。图 6-10 为硝酸-水混合液的 t-x-y 图，该图与上述图的情况相似，这种具有负偏差的非理溶液称为具有最高恒沸点的溶液。图 6-11 是硝酸-水混合液的 y-x 图，M 点溶液的相对挥发度等于 1。非理想溶液不一定都有恒沸点，可从有关手册中查到。

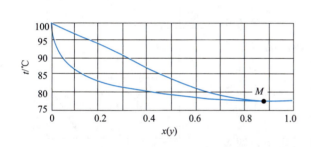

图 6-8　常压下乙醇-水溶液的 t-x-y 图　　　　图 6-9　常压下乙醇-水溶液的 x-y 图

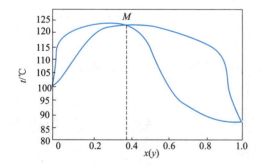
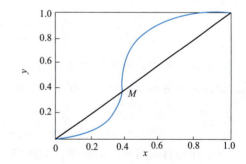

图 6-10　常压下硝酸-水溶液的 t-x-y 图　　　　图 6-11　常压下硝酸-水溶液的 y-x 图

二、精馏的工艺计算

工业生产上的蒸馏操作以精馏为主。在大多数情况下采用连续精馏操作。以二元混合物的连续精馏操作为例，加以讨论。作适当的简化处理。

1. 基本假设

（1）恒摩尔气流　在塔的精馏段内，从每一块塔板上上升的蒸气的摩尔流量皆相等，提馏段也是如此，但两段的蒸气流量不一定相等。

（2）恒摩尔液流　在塔的精馏段内，从每一块塔板上下降的液体的摩尔流量皆相等，提馏段也是如此，但两段的液体流量不一定相等。

（3）理论板　理论板是指离开这一块塔板的汽液两相互成平衡的塔板。实际塔板与理论塔板有差距，但理论塔板可以作为衡量实际塔板分离效率的标准。通常在设计中总是先求得理论板数，然后再求得实际板数。

（4）全凝器　塔顶的冷凝器为全凝器，塔顶引出的蒸气在此处被全部冷凝，其冷凝液的一部分在泡点温度下回流入塔。

（5）塔釜或再沸器　采用间接蒸汽加热。

2. 全塔的物料衡算

对全塔作物料衡算，如图 6-12 所示。

全塔总物料衡算式为

$$F = D + W \tag{6-5}$$

全塔易挥发组分的物料衡算式为

$$Fx_F = Dx_D + Wx_W \tag{6-6}$$

式中，F、D、W 分别为加料、塔顶产品（馏出液）、塔底产品（釜残液）的流量，kmol/h（或 kg/h）；x_F、x_D、x_W 分别为料液、馏出液、残液中易挥发组分的摩尔分数（或质量分数）。

$\dfrac{D}{F}$ 和 $\dfrac{W}{F}$ 分别称为馏出液和釜残液的采出率，两者之和 $\dfrac{D}{F} + \dfrac{W}{F} = 1$，整理后得

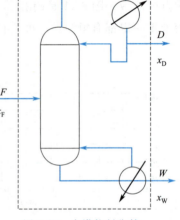

图 6-12　全塔物料衡算

$$\frac{D}{F} = \frac{x_F - x_W}{x_D - x_W} \tag{6-7}$$

在精馏计算中，分离程度除用塔顶、塔底产品的浓度表示外，有时还用回收率来表示。馏出液中易挥发组分的回收率，如式(6-8) 所示：

$$\eta_A = \frac{Dx_D}{Fx_F} \times 100\% \tag{6-8}$$

釜液中难挥发组分的回收率，如式(6-9) 所示：

$$\eta_B = \frac{W(1 - x_W)}{F(1 - x_F)} \times 100\% \tag{6-9}$$

板式精馏塔全塔物料衡算的计算练习结合工作页任务 10——板式塔全回流操作、任务 11——板式塔连续生产操作。

3. 精馏段的物料衡算及操作线方程

在图 6-13 虚线范围内作物料衡算，整理得

$$y_{n+1} = \frac{L}{L+D}x_n + \frac{D}{L+D}x_D \tag{6-10}$$

$$y_{n+1} = \frac{R}{R+1}x_n + \frac{1}{R+1}x_D \tag{6-11}$$

式中 $R = \dfrac{L}{D}$ 称为**回流比**。

式(6-10) 和式(6-11) 均称为**精馏段操作线方程**，表示在精馏塔的精馏段内，进入任一块塔板的汽相组成与离开此塔板的液相组成之间的关系。该式在 $x\text{-}y$ 直角坐标图上为一条直线，其斜率为 $R/(R+1)$，截距为 $x_D/(R+1)$，且经过点 $a(x_D, x_D)$，如图 6-14 所示。

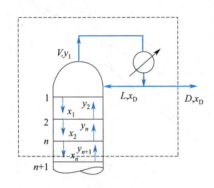

图 6-13 精馏段操作线方程推导示意图

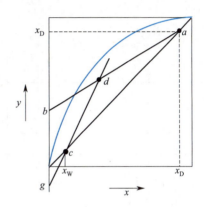

图 6-14 精馏段、提馏段操作线

4. 提馏段的物料衡算及操作线方程

在图 6-15 虚线范围内作物料衡算，整理得

$$y'_{m+1} = \frac{L'}{L'-W}x'_m - \frac{W}{L'-W}x_W \tag{6-12}$$

式(6-12) 为**提馏段操作线方程**，表示在精馏塔的提馏段内，进入任一块塔板的汽相组成与离开此塔板的液相组成之间的关系。该式在 $x\text{-}y$ 直角坐标图上也是一条直线，其斜率为 $L'/(L'-W)$，截距为 $-Wx_W/(L'-W)$，且经过点 $c(x_W, x_W)$，如图 6-15 所示。

5. 进料热状况

（1）进料状态参数　设第 m 块板为加料板，对图 6-16 所示的虚线范围内进、出该板各股物料的摩尔流量、组成与热焓进行物料衡算与热量衡算。

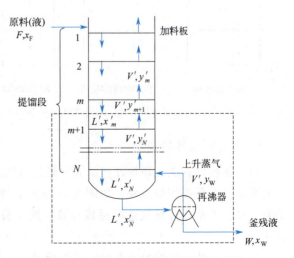

图 6-15 提馏段操作线方程推导示意图

令

$$q = \frac{\text{将 1mol 原料加热并汽化为饱和蒸汽所需热量}}{\text{原料液的千摩尔汽化潜热}} \qquad (6\text{-}13)$$

式(6-13)中的 q 被称为进料的热状况参数。

(2) q 线方程(交点的轨迹方程) 加料板是两段的交汇处,两段的操作线方程在此应该存在交点,联立两操作线方程可得其交点轨迹方程,即

$$y = \frac{q}{q-1}x - \frac{x_F}{q-1} \qquad (6\text{-}14)$$

式(6-14)称为操作线交点的轨迹方程(即 q 线方程)。进料状况不同,q 值便不同,q 线的斜率也就不同,见图 6-17。

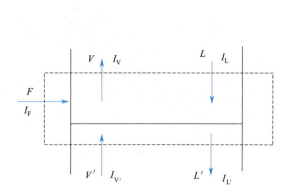

图 6-16 进料板上的物料衡算与热量衡算

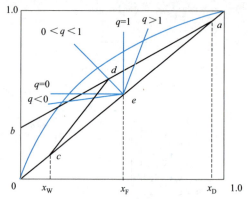

图 6-17 不同加料热状态下的 q 线

(3) q 值 进料热状况不同,q 值就不同,会直接影响精馏塔内两段上升蒸气和下降液体量之间的关系,如图 6-18 所示。

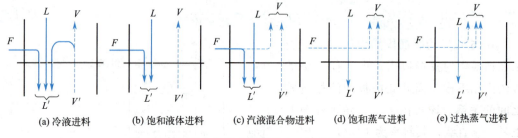

图 6-18 进料热状况对进料板上、下各流股的影响

6. 理论塔板数的确定

(1) 逐板计算法 逐板计算法通常是从塔顶开始逐板进行计算,所依据的基本方程是汽液平衡关系和操作线方程。如图 6-19 所示,逐板计算法虽然计算过程烦琐,但是计算结果准确。若采用计算机进行逐板计算,则十分方便。因此,该法是计算理论板的基本方法。

(2) 图解法 用图解法求理论塔板数时,如图 6-20 所示,需要用到 x-y 相图上的相平衡线和操作线。

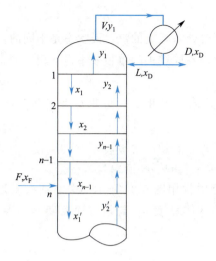
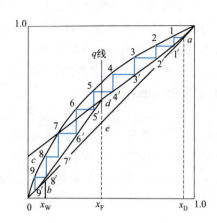

图 6-19 逐板计算法示意图　　　　　图 6-20 图解理论塔板数

理论塔板数：塔顶上升蒸气的组成 y_1 与馏出液的组成 x_D 相同，从而确定了 a 点 (x_D, x_D)。由理论板的概念可知，由第一板上升的蒸气组成 y_1 应与第一块板下降的液体组成 x_1 成平衡，从点 a 作水平线与平衡线相交于点 1，其组成为 (x_1, y_1)。过点 1 (x_1, y_1) 作垂线与精馏段操作线相交于点 $1'$，其组成为 (x_1, y_2)。点 a、点 1 与点 $1'$ 构成了一个三角形梯级。每绘一个三角形梯级即代表了一块理论板。绘制梯级时，当 $x_n < x_d$ 时，则跨入提馏段与平衡线之间绘梯级，直至 $x_m < x_W$ 为止。所绘的三角形梯级数即为所求的理论塔板数。

7. 适宜的加料位置

在图解理论塔板数时，当跨过两操作线交点时，更换操作线。而跨过两操作线交点时的梯级即代表适宜的加料位置，因为如此作图所作的理论塔板数为最小，见图 6-21。过早或过晚地更换操作线，会使理论塔板数增加。

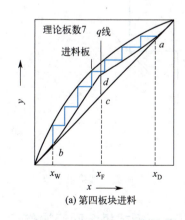
(a) 第四板块进料

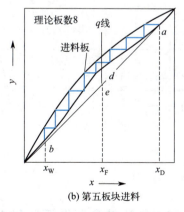
(b) 第五板块进料

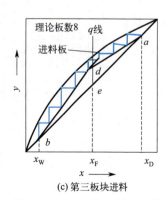
(c) 第三板块进料

图 6-21 适宜的加料位置

8. 板效率与实际塔板数

（1）单板效率　实际生产过程中，塔内不同位置处塔板上的汽、液状态是不同的，实际提浓能力与理论提浓能力的差异也不相同。因此，不同塔板的单板效率是不相同的。单板效率只能通过实验逐个测定出来。

（2）全塔效率　通常精馏塔中各层板的单板效率并不相等，为此常用"全塔效率"（又称总效率）来表示，即

$$E_T = \frac{N_T}{N} = \frac{完成一定分离任务所需的理论塔板数}{完成一定分离任务所需要的实际塔板数} \tag{6-15}$$

塔板效率只能通过实验测定来获取。工程计算中常用图 6-22 所示的关系曲线来近似求取 E_T。图中横坐标为塔顶与塔底平均温度下的液体黏度 μ_L 与相对挥发度 α 的乘积，纵坐标为全塔效率。

9. 回流比

（1）回流比对理论塔板数的影响　回流是保证精馏塔连续稳定操作的必要条件。回流液的多少对整个精馏塔的操作有很大影响，因而选择适宜的回流比是非常重要的。对精馏段而言，随着回流比的增加，精馏段操作线偏离平衡线更远，所需的理论塔板数变少，减少了设备费用，塔顶冷凝器和塔底再沸器的负荷增大，增加了操作费用。反之，回流比 R 减小，理论塔板数增加。冷凝器、再沸器、冷却水用量和加热蒸汽消耗量都减少。R 过大和过小从经济观点来看都是不利的。两个极限值分别是全回流和最小回流比。

（2）全回流和最少理论塔板数　若塔顶蒸气经冷凝后，全部回流至塔内，这种方式称为"全回流"。此时，塔顶产量为零。通常在这种情况下，既不向塔内进料，也不从塔内取出产品。此时所需的理论塔板数最少，见图 6-23。

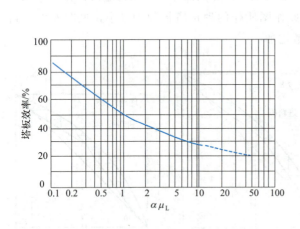

图 6-22　精馏塔总板效率关系曲线

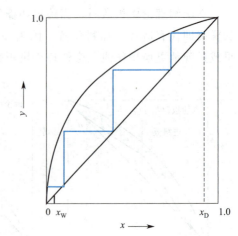

图 6-23　全回流时理论塔板数

板式精馏塔全回流的操作实操练习结合工作页任务 10——板式塔全回流操作。

（3）最小回流比　当回流从全回流逐渐减少，致使两操作线的交点正好落在平衡线上

时,此时所需的理论塔板数为无限多,这种情况下的回流比称为"最小回流比",见图 6-24(a)。整理得：

$$R_{\min}=\frac{x_D-y_q}{y_q-x_q} \tag{6-16}$$

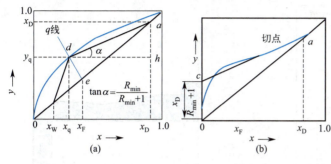

图 6-24　最小回流比的确定

（4）适宜回流比的选择　适宜回流比的确定,一般是由经济衡算来确定的,即操作费用和设备折旧费用的总和为最小时的回流比为适宜的回流比,见图 6-25。将这两种费用综合起来考虑,总费用随 R 变化存在一个最低点,以最低点的 R 操作最经济。

在精馏塔的设计中,一般并不进行详细的经济衡算,而是根据经验选取。通常取操作回流比为最小回流比的 1.2～2 倍。有时要视具体情况而定,对于难分离的混合物应选用较大的回流比,有时为了减少加热蒸汽的消耗量,可采用较小的回流比。

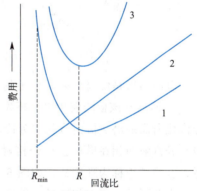

图 6-25　最适宜回流比的确定
1—设备费用线；2—操作费用线；3—总费用线

板式精馏塔的连续生产实操练习结合工作页任务 11——板式塔连续生产操作。

第三节　精馏设备

一、精馏原理及流程

精馏是同时进行多次部分汽化和部分冷凝的过程,因此可使混合物得到几乎完全的分离。

精馏过程原理可用汽液平衡相图说明：如图 6-26 所示,气体混合物经多次部分冷凝后,在汽相中可获得高纯度的易挥发组分。同时,液体混合物经过多次部分汽化,在液相中可获得高纯度的难挥发组分。

工业生产中的精馏操作是在精馏塔内进行的。精馏塔内通常有一些塔板或填充的填料。塔板上的液层或填料的湿表面都是汽、液两相进行热量交换和质量交换的场所。图 6-27 所示为筛板塔中第 n 层板上的操作情况。该塔板上开有许多小孔，由下一层塔板上升的蒸气通过板上的小孔上升，而上一层板上的液体通过溢流管下降到该板上，在该板上横向流动而进入下一层板。在第 n 层板上汽、液两相密切接触，进行热和质的交换。

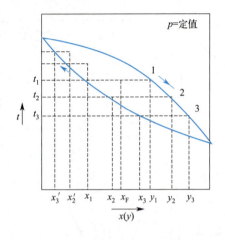

图 6-26　多次部分汽化和部分冷凝　　　　图 6-27　筛板塔的操作情况

总的结果是使离开第 n 层板的汽相中易挥发组分的组成较进入该板时增加，即 $y_n > y_{n+1}$，而离开该板的液相中易挥发组分的组成较进入该板时降低，即 $x_n < x_{n-1}$。液相部分汽化所需的潜热恰由汽相部分冷凝放出的潜热供给，因此不需要设置中间再沸器和冷凝器。若汽液两相在塔板上充分接触，则离开该板的两相温度相等，汽液相组成呈平衡关系，这种塔板称为理论板，如图 6-28 所示。

由此可见，汽液相通过一层塔板，同时发生一次部分汽化和部分冷凝。当它们经过多层塔板后，即同时进行了多次部分汽化和部分冷凝，最后在塔顶汽相中获得较纯的易挥发组分，在塔底液相中可获得较纯的难挥发组分，使混合液达到所要求的分离程度。

为实现上述的分离操作，除了需要包括若干层塔板的精馏塔外，还必须从塔底引入上升的蒸气流和从塔顶引入下降的液流（回流）。上升气流和液体回流是使汽液两相实现精馏定态操作的必要条件。因此，通常在精馏塔塔底装有再沸器，在塔顶装有冷凝器，原料液从塔中适当位置加入塔内。

再沸器的作用是提供一定流量的上升蒸气流，冷凝器的作用是提供塔顶液相产品及保证有适当的液相回流，精馏塔板的作用是提供汽液接触进行传热传质的场所。典型的连续精馏流程如图 6-29 所示。

二、板式塔的结构

板式塔通常是由一个呈圆柱形的壳体及沿塔高按一定的间距水平设置的若干层塔板所组成的，如图 6-30 所示。工业生产中用得最多的是有降液管的板式塔。

1. 塔体

通常为圆柱形，常用钢板焊接而成，有时也将其分成若干塔节，塔节间用法兰盘连接。

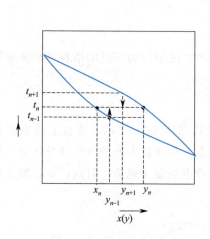

图 6-28　理论板上的蒸馏

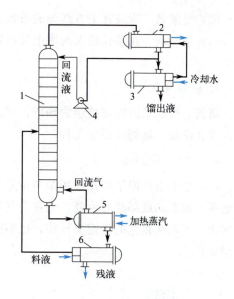

图 6-29　连续精馏操作流程

1—精馏塔；2—全凝器；3—冷却器；4—回流液泵；
5—再沸器；6—原料预热器

2. 溢流装置

溢流装置包括出口堰、降液管、进口堰、受液盘等部件。

（1）出口堰　在塔板的出口端设有溢流堰。塔板上的液层厚度或持液量由堰高决定。

（2）降液管　降液管是塔板间液流通道，也是溢流液中所夹带气体分离的场所。生产上广泛采用弓形降液管。降液管与下层塔板间应有一定的间距，此间距应小于出口堰高度。

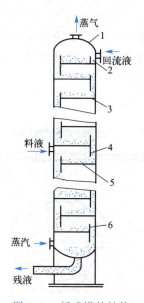

图 6-30　板式塔的结构

1—塔体；2—进口堰；3—受液盘；
4—降液管；5—塔板；6—出口堰

板式塔构造

（3）受液盘　降液管下方部分的塔板称为受液盘，一般采用凹型受液盘。

（4）进口堰　在塔径较大的塔中常设置进口堰，以减少液体自降液管下方流出的水平冲击。

3. 塔板及其构件

塔板是板式塔内汽液接触的场所，目前工业生产中使用较为广泛的塔板类型有泡罩塔板、筛孔塔板、浮阀塔板等几种。

4. 其他类型的板式塔

（1）泡罩塔　泡罩塔是应用最早的塔型，其结构如图 6-31 所示。塔板上的主要元件为泡罩，泡罩的底部开有齿缝，装在升气管上，从下一块塔板上升的气体经升气管从齿缝中吹出，可以在很低的气速下操作，也不至于产生严重的漏液现象。目前已逐渐被其他的塔型取代。

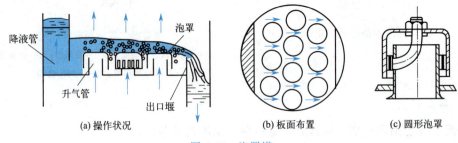

图 6-31　泡罩塔

（2）筛板塔　直接在板上开很多小直径的筛孔，如图 6-32 所示。操作时，气体高速通过小孔上升，板上的液体不能从小孔中落下，液层形成强烈搅动的泡沫层。筛板用不锈钢板制成。筛板塔已成为应用最广泛的一种塔型。

（3）浮阀塔　在筛板塔的基础上，在每个筛孔处安装一个可以上下浮动的阀体，当筛孔气速高时，阀片被顶起而上升，气速低时，阀片因自重而下降。阀体可随上升气量的变化而自动调节开度，如图 6-33 所示。

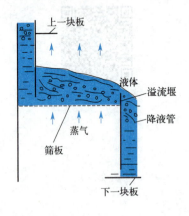

图 6-32　筛板塔

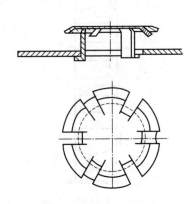

图 6-33　浮阀（F-1 型）

泡罩塔结构原理

浮阀塔工作原理

浮舌塔板动画

三、板式塔的流体力学性能

1. 塔板上汽液接触状况

（1）鼓泡接触状态　如图 6-34(a) 所示。此时，塔板上清液多，气泡数量少，两相的接触面积为气泡表面。湍动程度不大，传质阻力大。

（2）蜂窝接触状态　随气速增加，气泡的形成速度大于气泡浮升速度，上升的气泡在液层中积累，形成气泡泡沫混合物，如图 6-34(b) 所示。类似蜂窝状结构，板上清液基本消失，这种状态对于传质、传热不利。

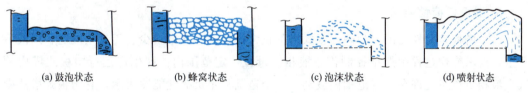

(a) 鼓泡状态　　(b) 蜂窝状态　　(c) 泡沫状态　　(d) 喷射状态

图 6-34　塔板上的汽液接触状态

（3）泡沫接触状态　气速连续增加，气泡数量急剧增加，板上液体大部分均以膜的形式存在于气泡之间，液膜处在高度湍动和不断更新之中，是一种较好的塔板工作状态，如图 6-34(c) 所示。

（4）喷射接触状态　当气速再连续增加时，动能很大的气体以射流形式穿过液层，将板上液体破碎成许多大小不等的液滴而抛向塔板上方空间，如图 6-34(d) 所示。液滴的多次形成与合并亦为两相间的传质创造了良好的流体力学条件，所以也是一种较好的工作状态。

喷射状态是塔板操作的极限，液沫夹带较多，所以多数塔操作均控制在泡沫接触状态。

2. 塔板上的不正常现象

（1）漏液　当上升气流小到一定程度时，因其动能太小，不能阻止液体从塔板上小孔直接下流，导致液体从塔板上的开孔处下落，此种现象称为漏液。严重漏液使塔板上无法建立液层，会导致分离效率的严重下降。

板式精馏塔内气液漏液现象

雾沫夹带现象

(2) 液沫夹带和气泡夹带　当气速增大时，气流穿过塔板上的液层，产生大量大小不一的液滴，液滴会被气流裹挟至上层塔板，称为液沫夹带。其结果是低浓度液相进入高浓度液相内，对传质不利，塔板提浓能力下降。气泡夹带则是指在一定结构的塔板上，与气流充分接触后的液体，在翻越溢流堰流入降液管时仍含有大量气泡，溢流管内液体的流量过快，溢流管中液体所夹带的气泡来不及从管中脱出，气泡进入下层塔板。其结果是气相由高浓度区进入低浓度区，对传质不利，塔板提浓能力下降。

(3) 液泛现象　液沫夹带的结果将使塔板上和降液管内的实际液体流量增加，塔板上液层厚度随之增加，板上液层不断增厚而不能自衡，最终将导致液体充满全塔，并随气流通道从塔顶溢出，此种现象称为液泛。液体流量越大，液泛气速越低。

当塔内回流液量增加时，液流在降液管内流动受阻，降液管内液面上升，称为降液管液泛。生产运行过程中，当汽相流量不变而塔板压降持续上升时，预示液泛可能发生。液泛使整个塔内的液体不能正常下流，物料大量返混，严重影响塔的操作，在操作中需要特别注意和防止。

3. 塔板负荷性能图

(1) 塔板负荷性能图　为确保板式塔的正常操作——夹带量少、不发生液泛、漏液不严重，要求操作过程中严格控制汽、液相流量在一定范围内。即生产运行中板式塔内的汽、液相负荷只允许在一定范围内波动。这个范围常用负荷性能图表示。它为板式塔的操作提供了流体力学方面的依据。

(2) 负荷上、下限　一般按平均数据作出精馏段、提馏段两个负荷性能图。图 6-35 所示为某塔精馏段塔板负荷性能图。图中有五条线。

① 极限液沫夹带线：图 6-35 中线 1，此线规定了气速上限。

② 溢流液泛线：图 6-35 中线 2，操作时汽、液相负荷若超过此线所对应数值，将发生溢流液泛。

③ 液相负荷上限线：图 6-35 中线 3，为确保液相在降液管内有足够的停留时间，液流量不能超过此线所对应的数值。

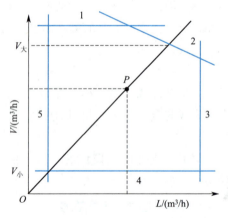

图 6-35　精馏段塔板负荷性能图

④ 漏液线（又称汽相下限线）：图 6-35 中线 4，为保证不发生严重漏液，汽相负荷不能小于此线对应的数值。

⑤ 液相负荷下限线：图 6-35 中线 5，为确保塔板上有一定厚度的液层并均匀分布于板上，液相负荷不能小于此线对应数值。

五条线所包围的区域即为塔板的适宜操作范围，生产运行中，应严格控制塔内汽、液相负荷的波动不越出此范围。五条线所包围区域越大，说明操作弹性越大。

第四节　板式塔的操作与维护

1. 进料组成和流量的影响

工业生产中，精馏处理的物料由前一工序引来，当上一工序的生产过程波动时，进精馏塔的物料组成也将发生变化，给精馏操作带来影响。在工业生产中，常设 3 个加料口，以适应进料热状况和组成的变化。

2. 操作温度的影响

（1）灵敏板的作用　塔内某些塔板处的温度对外界干扰的反应特别明显，即当操作条件发生变化时，这些塔板上的温度将发生显著变化，这种塔板称为灵敏板，一般取温度变化最大的那块板为灵敏板。精馏生产中的不平衡现象，都可及早通过灵敏板温度变化情况得到预测，从而及早发出信号使调节系统能及时加以调节。

（2）精馏塔的温控方法　对应精馏段可以适当调节回流比，对应提馏段可以适当调节再沸器加热量。

3. 操作压力的影响

生产运行压力的变化将引起温度和组成间对应关系的变化。压力升高，汽化困难，液相量增加，塔顶馏出液中易挥发组分浓度增加，但产量减少，釜液中易挥发组分浓度增加，釜液量也增加。压力增加，塔板分离能力下降，分离效率下降。生产运行中应尽量维持操作压力基本恒定。

4. 精馏塔的日常维护和检修

为了确保塔设备安全稳定运行，必须做好日常检查，并记录检查结果，以作为定期停车检查、检修的资料。塔设备在一般情况下，每年定期停车检查 1～2 次，将设备打开，对其内构件及壳体上大的损坏进行检查、检修。

5. 故障分析及处理

精馏操作中，精馏塔的常见操作故障及处理方法归纳如表 6-1 所示。

表 6-1　精馏塔的常见操作故障及处理方法

异常现象	原因	处理方法
液泛	① 负荷高； ② 液体下降不畅，降液管局部被污垢物堵塞； ③ 加热过猛，釜温突然升高； ④ 回流比大； ⑤ 塔板及其他流道冻堵	① 调整负荷； ② 加热； ③ 调加料量，降釜温； ④ 降回流，加大采出； ⑤ 注入适量解冻剂，停车检查
釜温及压力不稳	① 蒸汽压力不稳； ② 疏水器不畅通； ③ 加热器漏液	① 调整蒸汽压力至稳定； ② 检查疏水器； ③ 停车检查漏液处

续表

异常现象	原因	处理方法
釜温突然下降而提不起温度	① 疏水器失灵； ② 扬水站回水阀未开； ③ 再沸器内冷凝液未排除,蒸汽加不进去； ④ 再沸器内水不溶物多； ⑤ 循环管堵塞,列管堵塞； ⑥ 排水阻气阀失灵； ⑦ 塔板堵,液体回不到塔釜	① 检查疏水器； ② 打开回水阀； ③ 吹冷凝液； ④ 清理再沸器； ⑤ 通循环管,通列管； ⑥ 检查阀； ⑦ 停车检查
塔顶温度不稳定	① 釜温太高； ② 回流液温度不稳； ③ 回流管不畅通； ④ 操作压力波动； ⑤ 回流比小	① 调节釜温至规定值； ② 检查冷凝液温度和用量； ③ 输送回流管； ④ 稳定操作压力； ⑤ 调节回流比
系统压力增高	① 冷凝液温度高或冷凝液量少； ② 采出量少； ③ 塔釜温度突然上升； ④ 设备有损或有堵塞	① 检查冷凝液温度和用量； ② 增大采出量； ③ 调节加热蒸汽； ④ 检查设备
塔釜液面不稳定	① 塔釜排出量不稳； ② 塔釜温度不稳； ③ 加料成分有变化	① 稳定釜液排出量； ② 稳定釜温； ③ 稳定加料成分
加热故障	① 加热剂的压力低； ② 加热剂中含有不凝性气体； ③ 加热剂中的冷凝液排出不畅； ① 再沸器泄漏； ② 再沸器的液面不稳(过高或过低)； ③ 再沸器堵塞； ④ 再沸器的循环量不足	① 调整加热剂的压力； ② 排除加热剂中的不凝性气体； ③ 排除加热剂中的冷凝液 ① 检查再沸器； ② 调整再沸器的液面； ③ 疏通再沸器； ④ 调整再沸器的循环量
泵的流量不正常	① 过滤器堵塞； ② 液面太低； ③ 出口阀开得过小； ④ 轻组分太多	① 清洁过滤器； ② 调整液位； ③ 调整阀门； ④ 控制轻组分量
塔压差增高	① 负荷升高； ② 回流量不稳； ③ 冻塔或堵塞； ④ 液泛	① 减负荷； ② 调整回流比； ③ 解冻或疏通； ④ 按液泛情况处理
夹带	① 气速太大； ② 塔板间距过小； ③ 液体在降液管内的停留时间过长或过短； ④ 破沫区过大或过小	① 调节气速； ② 调整板间距； ③ 调整停留时间； ④ 调整破沫区的大小
漏液	① 气速太小； ② 气流的不均匀分布； ③ 液面落差； ④ 人孔和管口等连接处焊缝裂纹、腐蚀、松动； ⑤ 气体密封圈不牢固或腐蚀	① 调节气速； ② 流体阻力的结构均匀； ③ 减少液面落差； ④ 保证焊缝质量,采取防腐措施,重新拧紧； ⑤ 修复或更换
污染	① 灰尘、锈、污垢沉积； ② 反应生成物、腐蚀生成物积存于塔内	① 进料塔板堰和降液管之间要留有一定的间隙,以防积垢； ② 停工时彻底清理塔板

续表

异常现象	原因	处理方法
腐蚀	① 高温腐蚀； ② 磨损腐蚀； ③ 高温、腐蚀性介质引起设备焊缝处产生裂纹和腐蚀	① 严格控制操作温度； ② 定期进行腐蚀检查和测量壁厚； ③ 流体内加入防腐剂,器壁包括衬里涂防腐层

板式塔的安全生产实操练习结合工作页任务 10——板式塔全回流操作、任务 11——板式塔连续生产操作。

6. 精馏操作的节能

近年来，人们对精馏过程节能问题进行了大量的研究，大致可归纳为两大类：一是通过改进工艺设备达到节能；二是通过合理操作与改进精馏塔的控制方案达到节能，比如预热进料、塔釜液余热的利用、塔顶蒸气的余热回收利用、热泵精馏、设中间冷凝器和中间再沸器等。

第七章 吸收吸附法分离均相物系

1. 吸收在化工生产中的应用

原料气的净化，有用组分的回收，某些产品的制取，废气的治理等方面。

2. 吸收过程的分类

吸收过程按不同的分类原则可以分为物理吸收和化学吸收、等温吸收和非等温吸收、单组分吸收和多组分吸收、低浓度吸收和高浓度吸收。本书主要讨论低浓度、单组分、等温、物理吸收过程。

3. 吸收剂的选择

吸收剂性能的优劣往往成为决定吸收传质效果是否良好的关键，选择时需要考虑其溶解度、选择性、挥发度、黏性，以及化学稳定性、易燃性、腐蚀性、毒性、易得、廉价等性质。

4. 工业吸收过程

化工生产中的吸收操作是在吸收塔内进行的，图 7-1 为从煤气中回收粗苯的吸收流程简图。

图中虚线左边为吸收部分，含苯煤气由底部进入吸收塔，洗油从顶部喷淋而下与气体呈逆流流动。苯类物质蒸气大量溶于洗油中，从塔顶引出的煤气仅含少量的苯，溶有较多苯类物质的洗油（称为富油）则由塔底排出。图中虚线右边即为解吸部分。从吸收塔塔底排出的富油首先经换热器被加热后，由解吸塔塔顶引入，在与解吸塔底部通入的过热蒸汽逆流接触过程中，粗苯由液相释放出来，并被水蒸气带出塔顶，再经冷凝分层后即可获得粗苯产品。脱除了大部分苯的洗油（称为贫油）由塔底引出，经冷却后再送回吸收塔塔顶循环使用。

第一节 吸收的物理基础

一、溶解度与亨利定律

在一定的温度和压力下，使一定量的吸收剂与混合气体经过足够长时间的接触，气液

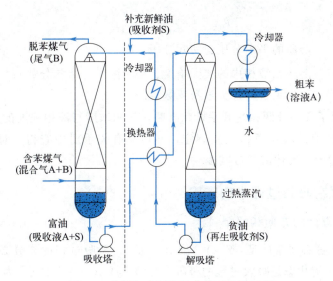

图 7-1 从煤气中回收粗苯的吸收流程图

两相将达到平衡状态。形成相际动平衡,简称相平衡或平衡。平衡状态下气相中的溶质分压称为平衡分压或饱和分压,而液相中溶质的浓度称为气体在液体中的溶解度或平衡浓度。

气体在液体中的溶解度可通过实验测定。由实验结果绘成的曲线称为溶解度曲线,某些气体在液体中的溶解度曲线可从有关书籍、手册中查得。图 7-2、图 7-3 分别表示总压不太高时,NH_3、SO_2 在水中的溶解度与其在气相中分压之间的关系。

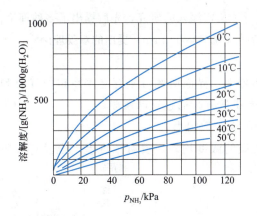

图 7-2 NH_3 在水中的溶解度

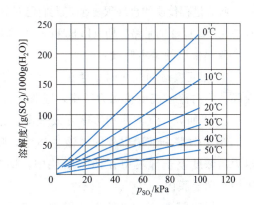

图 7-3 SO_2 在水中的溶解度

从图 7-2 和图 7-3 可以看出,不同物质在同一种溶剂中的溶解度不同,温度升高,溶解度减小,压力升高,溶解度增大,即加压和降温可提高溶质在液相中的溶解度,对吸收传质有利;反之,升温和减压则对解吸操作有利。

当总压不高(通常不超过 $5×10^5$ Pa),在一定温度下,气液两相达到平衡状态时,稀溶液上方气相中溶质分压与该溶质在液相中的摩尔分数成正比,即亨利定律。

$$p_A^* = Ex \text{ 或 } x^* = \frac{p_A}{E} \tag{7-1}$$

式中 p_A^*、p_A——溶质的平衡分压、实际分压，Pa；

x、x^*——溶质在液相中的实际浓度、平衡浓度（摩尔分数）；

E——比例系数，称为**亨利系数**，Pa。

式(7-1)表明了气、液两相达到平衡状态时，气相浓度与液相浓度的关系，即相平衡关系。亨利系数 E 值的大小可由实验测定，亦可从有关手册中查得。对于大多数物系，温度上升，E 值增大，气体溶解度减少。

二、相平衡关系在吸收过程中的应用

1. 判断过程进行的方向和极限

吸收过程的充分必要条件是：$Y > Y^*$ 或 $X < X^*$；解吸过程的充分必要条件是：$Y < Y^*$ 或 $X > X^*$；平衡状态是吸收过程的极限：$Y = Y^*$ 或 $X = X^*$。X^* 为与实际气相浓度 Y 相平衡的液相浓度；Y^* 为与实际液相浓度 X 相平衡的气相浓度。

2. 确定吸收过程的推动力

通常以气液两相的实际状态与相应的平衡状态的偏离程度表示吸收推动力。实际状态与相应的平衡状态偏离越大，吸收推动力越大，吸收越容易。

三、吸收的传质速率

1. 吸收过程的传质机理

吸收过程传质的机理很复杂，人们已对其进行了长期深入的研究，先后提出了多种理论，其中应用最广泛的是路易斯（L. K. Lewis）和惠特曼（W. G. Whitman）提出的双膜理论。

双膜模型的基本假设：

① 相互接触的气液两相存在一个稳定的相界面，界面两侧分别存在着稳定的气膜和液膜。膜内流体流动状态为层流，吸收质以分子扩散方式通过这两层膜。

② 界面处，气液两相浓度互成平衡，界面处无扩散阻力。

③ 在气膜和液膜以外的气液主体中，吸收质的浓度均匀，没有浓度差，也没有传质阻力，浓度差全部集中在两个膜层中，即阻力集中在两层膜内。

根据双膜理论，在吸收过程中，溶质从气相主体中以对流扩散的方式到达气膜边界，又以分子扩散的方式通过气膜至相界面，在界面上不受任何阻力从气相进入液相，然后在液相中以分子扩散的方式通过液膜至液膜边界，最后又以对流扩散的方式转移到液相主体。这一过程非常类似于热冷两流体通过器壁的换热过程。将双膜理论的要点表达在一个坐标图上，

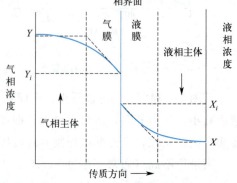

图 7-4 双膜模型图

即可得到描述气体吸收过程的物理模型——双膜模型图,如图 7-4 所示。

因此,降低膜层厚度对吸收有利。双膜理论对于那些具有固定传质界面系统且两流体流速不高的吸收过程,具有重要的指导意义,为设计计算提供了重要的依据。但是,对于具有自由相界面的系统,尤其是高度湍动的两流体间的传质,双膜理论表现出它的局限性。

2. 吸收速率方程

吸收速率是指单位时间内通过单位传质面积的吸收质的量,用 N_A 表示,单位为 $kmol/(m^2 \cdot s)$。表明吸收速率与吸收推动力之间的关系式即为吸收速率方程。

根据双膜理论的论点,吸收速率方程可用吸收质以分子扩散方式通过气膜、液膜的扩散速率方程来表示。相际传质总传质速率方程可表示为

$$N_A = K_G(p_A - p_A^*) \quad N_A = K_y(y - y^*) \quad N_A = K_Y(Y - Y^*) \tag{7-2}$$

式中 K_G——以气相分压差 $(p_A - p_A^*)$ 表示推动力的气相总传质系数,$kmol/(m^2 \cdot s \cdot kPa)$;

K_y——以气相摩尔分率差 $(y - y^*)$ 表示推动力的气相总传质系数,$kmol/(m^2 \cdot s)$;

K_Y——以气相摩尔比差 $(Y - Y^*)$ 表示推动力的气相总传质系数,$kmol/(m^2 \cdot s)$。

3. 传质阻力控制

气膜控制:对于溶解度较大的易溶气体,传质阻力主要集中在气相,此吸收过程的传质速率由气相阻力控制,称为气膜控制或气相阻力控制。

液膜控制:对于溶解度较小的难溶气体,传质阻力主要集中在液相,此吸收过程的传质速率由液相阻力控制,称为液膜控制或液相阻力控制。

双膜控制:对溶解度适中的中等溶解度气体,气膜阻力和液膜阻力均不可忽略,此过程吸收总阻力集中在双膜内,这种双膜阻力控制吸收过程速率的情况称为"双膜控制"。

四、吸收工艺计算

1. 全塔物料衡算

如图 7-5 为一稳定操作状态下,气、液两相逆流接触的吸收过程。气体自下而上流动;吸收剂则自上而下流动,图中各个符号的意义如下:

V——惰性气的摩尔流量,$kmol/h$;

L——吸收剂的摩尔流量,$kmol/h$;

Y_1、Y_2——进、出塔气相中吸收质的摩尔比;

X_2、X_1——进、出塔液相中吸收质的摩尔比。

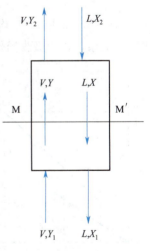

图 7-5 吸收塔示意图

在吸收过程中,V 和 L 的量不变,若无物料损失,对单位时间内进、出塔的吸收质的量进行物料衡算,可得式(7-3) 或式(7-4):

$$VY_1 + LX_2 = VY_2 + LX_1 \tag{7-3}$$

$$V(Y_1 - Y_2) = L(X_1 - X_2) \tag{7-4}$$

式(7-3)和式(7-4)均为吸收塔的全塔物料衡算式。整理物料衡算式后可得到吸收传质的液气比(反映单位气体体积处理量的溶剂耗用量大小),即

$$\frac{L}{V} = \frac{Y_1 - Y_2}{X_1 - X_2} \tag{7-5}$$

吸收率为气相中被吸收的吸收质的量与气相中原有的吸收质的量之比,也称为回收率,用 η 表示,即式(7-6),整理后得式(7-7)。

$$\eta = \frac{G_A}{VY_1} = \frac{V(Y_1 - Y_2)}{VY_1} = 1 - \frac{Y_2}{Y_1} \tag{7-6}$$

$$\text{或} \quad Y_2 = Y_1(1-\eta) \tag{7-7}$$

2. 吸收操作线方程

在定态逆流操作的吸收塔内,可对塔内某一截面 MM′ 与塔的一个端面之间的溶质做物料衡算而得。

MM′ 与塔底间的物料衡算式:$VY_1 + LX = VY + LX_1$,整理后得

$$Y = \frac{L}{V}X + \left(Y_1 - \frac{L}{V}X_1\right) \tag{7-8}$$

MM′ 与塔顶间的物料衡算式:$VY + LX_2 = VY_2 + LX$,整理后得

$$Y = \frac{L}{V}X + \left(Y_2 - \frac{L}{V}X_2\right) \tag{7-9}$$

式(7-8)和式(7-9)均表示吸收传质过程中,任一截面处的气相组成 Y 和液相组成 X 之间的关系,称为吸收操作线方程。

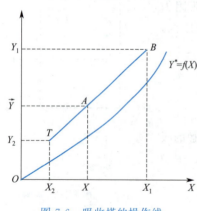

图 7-6 吸收塔的操作线

当定态连续吸收时,若 X_1、Y_1、X_2、Y_2 及 L/V 都是定值,则该吸收操作线在 X-Y 直角坐标图上为通过塔顶 $T(X_2, Y_2)$ 及塔底 $B(X_1, Y_1)$ 的直线,其斜率为 L/V,见图 7-6。

3. 吸收剂用量的确定

在吸收塔计算中,需要处理的气体流量及气相的初浓度、终浓度均由生产任务规定,吸收剂的入塔浓度则由工艺条件决定或由设计者选定,但吸收剂的用量尚有待选择。

由图 7-7 可知,在 V、Y_1、Y_2 及 X_2 已知的情况下,点 B 的横坐标将取决于操作线的斜率 L/V。

由于 V 值已经确定,故若减少吸收剂用量 L,操作线的斜率就要变小,点 B 便沿水平线 $Y=Y_1$ 向右移动,移至与平衡线的交点 B^* 时,$X_1 = X_1^*$,即塔底流出的吸收液与刚进塔的混合气达到平衡。这是理论上吸收液所能达到的最高含量,但此时过程的推动力已变为零,只能用来表示一种极限状况。此种状况下吸收操作线的斜率称为最小液气比,以 $(L/V)_{\min}$ 表示。对应的吸收剂用量称为最小吸收剂用量,记作 $L_{\min}$。

最小液气比可用图解法求出。如果平衡曲线符合图 7-7(a)所示的一般情况,平衡关

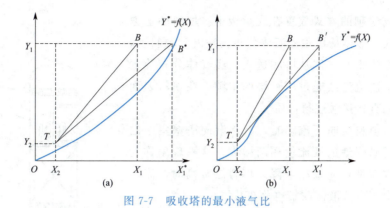

图 7-7 吸收塔的最小液气比

系符合亨利定律，则得出最小液气比的表达式为

$$\left(\frac{L}{V}\right)_{\min}=\frac{Y_1-Y_2}{\dfrac{Y_1}{m}-X_2} \tag{7-10}$$

吸收剂用量的大小，从设备费与操作费两方面影响生产过程的经济效果，应权衡利弊，选择适宜的液气比，使两种费用之和最小。根据生产实践经验，一般情况下取吸收剂用量为最小用量的 1.1~2.0 倍是比较适宜的，即 $L=(1.1\sim2.0)L_{\min}$。

4. 吸收塔塔径的计算

吸收塔的塔径可根据圆形管道内的流量与流速关系式计算，如式（7-11）所示，一般应以塔底的气量为依据。

$$D=\sqrt{\frac{4V_s}{\pi u}} \tag{7-11}$$

式中 D——塔径，m；

V_s——操作条件下混合气体的体积流量，m^3/s；

u——空塔气速，按空塔截面计算的混合气体的线速度，m/s。

5. 吸收塔填料层高度的计算

$\dfrac{V}{K_Y a\Omega}$ 称为气相总传质单元高度，以 H_{OG} 表示。$\int_{Y_2}^{Y_1}\dfrac{\mathrm{d}Y}{Y-Y^*}$ 称为气相总传质单元数，以 N_{OG} 表示。则填料层高度可用通式 $Z=$ 传质单元高度×传质单元数计算，即

$$Z=N_{OG}H_{OG} \tag{7-12}$$

传质单元数反映了吸收过程的难易程度。传质单元高度的数值反映了吸收设备传质效能的高低，H_{OG} 愈小，吸收设备传质效能愈高，完成一定分离任务所需填料层高度愈小。

第二节 吸收设备

填料塔的结构如图 7-8 所示，填料塔的塔身是一直立式圆筒，底部装有填料支承板，

填料以乱堆或整砌的方式放置在支承板上。填料的上方安装填料压板。液体从塔顶经液体分布器喷淋到填料上，并沿填料表面流下。气体从塔底送入，经气体分布装置后，与液体呈逆流连续通过填料层的空隙，在填料表面上，气液两相直接接触进行传质。

当液体沿填料层向下流动时，有逐渐向塔壁集中的趋势，使得塔壁附近的液流量逐渐增大，这种现象称为壁流。壁流效应使传质效率下降。填料层较高时，需要进行分段，中间设置液体收集再分布装置。

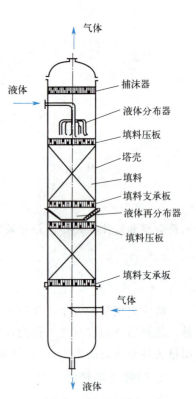

图 7-8　填料塔结构图

一、填料

1. 填料的分类

填料可分为实体填料和网体填料两大类。由陶瓷、金属和塑料等材质制成。

（1）拉西环填料　是最早使用的一种环状简单的圆环形填料，如图 7-9(a) 所示。目前工业上已较少使用。

（2）鲍尔环填料　是对拉西环的改进，如图 7-9(b) 所示，气体通量可增加 50％以上，传质效率提高 30％左右，是一种应用较广的填料。

（3）阶梯环填料　是对鲍尔环的改进，如图 7-9(c) 所示，综合性能优于鲍尔环，成为目前所使用的环形填料中最为优良的一种。

（4）弧鞍与矩鞍填料　属鞍形填料。弧鞍填料，如图 7-9(d) 所示。易套叠，容易破碎，工业生产中应用不多。矩鞍填料见图 7-9（e）。目前国内绝大多数应用瓷拉西环的场合，均已被瓷矩鞍填料所取代。

（5）金属环矩鞍填料　如图 7-9(f) 所示。环矩鞍填料是兼顾环形和鞍形结构特点而设计出的一种新型填料，在散装填料中应用较多。

（6）球形填料　一般采用塑料注塑而成，如图 7-9(g)、图 7-9(h) 所示。一般只适用于某些特定的场合，工程上应用较少。

（7）波纹填料　如图 7-9(n)、图 7-9(o) 所示。波纹填料是由许多波纹薄板组成的圆盘状填料，组装时相邻两波纹板反向靠叠。各盘填料垂直装于塔内。

鲍尔环填料

扁环填料

六棱环填料

2. 填料的特性

填料的特性数据主要包括比表面积、空隙率、填料因子等。填料的比表面积愈大，所

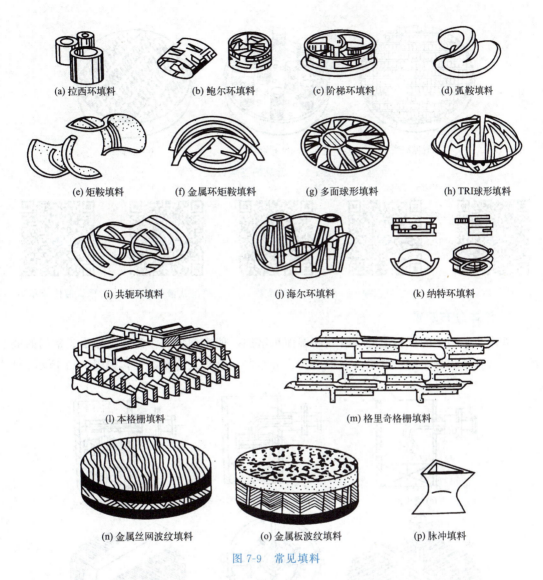

图 7-9 常见填料

提供的气液传质面积愈大。空隙率越大则气体通过填料层的阻力越小。填料因子越小,表明流动阻力越小。

3. 填料类型的选择

填料类型的选择首先取决于工艺要求,使所选填料能满足工艺要求,技术经济指标先进,易于安装和维修。

二、填料塔的附属结构

1. 填料支承装置

主要用于支承塔内的填料,同时又能保证气液两相顺利通过。常用的支承板有栅板和各种具有升气管结构的支承板,如图 7-10 所示。

图 7-10 常见的支承板

(a) 栅板型　　(b) 孔管型　　(c) 驼峰型

填料压盖　　填料支撑　　驼峰支撑　　喷淋式液体分布器　　槽式液体分布器

2. 液体分布装置

液体分布均匀的填料层内的有效润湿面积增加,偏流现象和沟流现象减小。常用的液体分布器有管式分布器、槽式分布器、盘式分布器、喷头式分布器等,如图 7-11 所示。

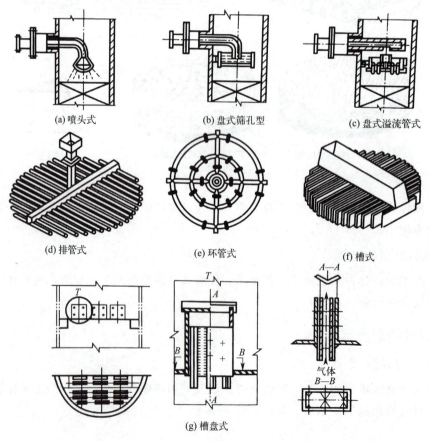

图 7-11 常用的液体分布器

3. 液体再分布器

在通常情况下，一般将液体收集器及液体分布器同时使用，构成液体收集及再分布装置。将上层填料流下的液体收集，然后送至液体分布器进行液体再分布。常用的液体收集器为斜板式液体收集器，如图 7-12 所示。

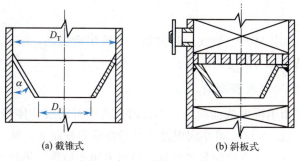

(a) 截锥式　　　(b) 斜板式

图 7-12　液体再分布器

填料吸收解吸塔的操作实操练习结合工作页任务 12——吸收解吸装置开停车操作。

三、填料塔的流体力学性能

1. 填料层的持液量

填料层的持液量是指在一定操作条件下，在单位体积填料层内所积存的液体体积，以 (m³ 液体) / (m³ 填料) 表示。填料层的持液量可由实验测出，也可由经验公式计算。持液量过大，将减少填料层的空隙和气相流通截面，压降增大，处理能力下降。

2. 填料层的压降

上升气体与下降液膜的摩擦阻力形成了填料层的压降。在一定的气速下，液体喷淋量越大，压降越大；在一定的液体喷淋量下，气速越大，压降也越大。将不同液体喷淋量下的单位填料层的压降 $\Delta p/Z$ 与空塔气速 u 的关系标绘在对数坐标纸上，可得到如图 7-13 所示的曲线簇。在图中，直线 0 为干填料压降线。曲线 1、2、3 表示不同液体喷淋量下填料操作压降线。

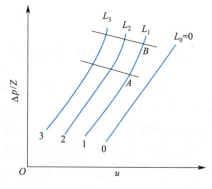

图 7-13　填料层的 $\Delta p/Z$-u 关系

从图 7-13 中可看出，在一定的喷淋量下，压降随空塔气速的变化曲线大致可分为三段：当气速低于 A 点时，气体流动对液膜的曳力很小，液体流动不受气流的影响，该区域称为恒持液量区。此时 $\Delta p/Z$-u 为一直线，当气速超过 A 点时，气体对液膜的曳力较大，对液膜流动产生阻滞作用，填料层的持液量随气速的增加而增大，称为拦液。曲线上的转折点 A，称为载点，对应的空塔气速称为载点气速。

B 点时，填料层内几乎充满液体。气速增加很小便会引起压降的剧增，此现象称为液泛，曲线上的点 B 称为泛点，对应的空塔气速称为泛点气速。从载点到泛点的区域称为载液区，泛点以上的区域称为液泛区。

在同样的气液负荷下，不同填料的 $\Delta p/Z$-u 关系曲线基本形状相近。上述三个区域间无明显的界限。

3. 液泛

在泛点气速下，气体呈气泡形式通过液层，气流出现脉动，液体被大量带出塔顶，此种情况称为淹塔或液泛。

载点气速和泛点气速演示

4. 液体喷淋密度和填料表面的润湿

液体喷淋密度是指单位塔截面积上，单位时间内喷淋的液体体积，以 U 表示，单位为 $m^3/(m^2 \cdot h)$。最小润湿速率是指在塔的截面上，单位长度的填料周边的最小液体体积流量。其值可由经验公式计算，也可采用经验值。填料表面润湿性能与填料的材质有关，陶瓷填料的润湿性能最好，塑料填料的润湿性能最差。

5. 返混

在填料塔内，气液两相的逆流并不呈理想的活塞流状态，而是存在着不同程度的返混。返混使得传质平均推动力变小，传质效率降低。因此，填料层高度应适当加高，以保证预期的分离效果。

填料吸收解吸塔的性能测绘练习结合工作页任务 13——填料塔性能测试。

第三节　吸收工艺流程

一、实际生产中的吸收操作过程

填料塔内气液两相可以做逆流流动也可以做并流流动，一般采用逆流，以使过程具有最大的推动力。特殊情况下，如吸收质极易溶于吸收剂，此时逆流操作的优点并不明显，为提高生产能力，可以考虑采用并流。

（1）部分吸收剂再循环的吸收流程　如图 7-14 所示，操作时用泵从塔底将溶液抽出，一部分作为产品引出或作为废液排放，另一部分则经冷却器冷却后与新吸收剂一起再送入塔顶。它可在不增加吸收剂用量的情况下增大喷淋密度和气液两相接触面，而且可利用循环溶液移走塔内部分热量，有利于吸收。

（2）多塔串联吸收流程　如图 7-15 所示，用泵将前一个塔的塔底溶液抽送至后一个塔的顶部，串联吸收可将一个高塔分成几个矮塔，便于安装和维修。在两塔之间设置冷却装置，可降低吸收液的温度。

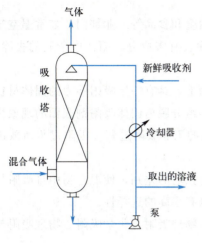

图 7-14　吸收流程

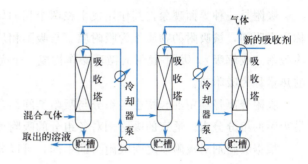

图 7-15　多塔串联吸收流程

二、吸收传质的影响因素

（1）压力　增加吸收系统的压力，可增大吸收质的分压，提高吸收推动力，对吸收有利。但压力过高会使动力消耗增大，设备投资和操作费用加大。

（2）温度　一般的吸收均为放热过程。温度上升，过程推动力减少。

（3）吸收剂的进口浓度　降低入塔吸收剂中溶质的浓度，可以增加吸收的推动力。因此，对有吸收剂再循环的吸收操作来说，吸收液的解吸应尽可能完全。

（4）液气比　液气比 L/V 增大，过程的平均推动力增大，从而可使所需的塔高降低，但解吸所需的再生费用将大大增加。考虑连续生产过程中前后工序的相互制约，操作液气比常需及时调节、控制。

三、解吸工艺

解吸过程是从吸收液中分离出被吸收溶质的操作。在生产中，解吸过程有两个目的：一是获得所需较纯的气体溶质；二是使溶剂再生返回到吸收塔循环使用，使分离过程经济合理。

在工业生产中，经常采用吸收解吸联合操作。解吸是吸收质从液相转移到气相的过程，是吸收过程的逆过程，二者传质方向相反，解吸过程的必要条件及推动力也与吸收相反。常见的解吸方法有：气提解吸、减压解吸、加热解吸、精馏。

第四节　吸附工艺

一、认识吸附工艺

吸附是利用某些固体能够从流体混合物中选择性地凝聚一定组分在其表面上的能力，

使混合物中的组分彼此分离的单元操作过程。

目前,吸附分离广泛应用于化工、医药、环保、冶金和食品等工业部门,如常温空气分离氧氮,酸性气体脱除,从废水中回收有用成分或除去有害成分,糖汁中杂质的去除,石化产品和化工产品的分离等。

吸附是一种界面现象,其作用发生在两个相的界面上。具有一定吸附能力的固体材料称为吸附剂,被吸附的物质称为吸附质。与吸附相反,组分脱离固体吸附剂表面的现象称为脱附(或解吸)。吸附-脱附的循环操作构成一个完整的工业吸附过程。吸附过程所放出的热量称为吸附热。

吸附分离是利用混合物中各组分与吸附剂间结合力强弱的差别,使混合物中难吸附与易吸附的组分分离。适宜的吸附剂对各组分的吸附可以有很高的选择性。

根据吸附剂对吸附质之间吸附力的不同,可以分为物理吸附与化学吸附。物理吸附与化学吸附表现出许多不同的吸附性质,见表7-1。

表7-1 物理吸附与化学吸附的区别

性质	物理吸附	化学吸附
吸附力	范德华力	化学键力
吸附层数	单层或多层	单层
吸附热	小(近似于液化热)	大(近似于反应热)
选择性	无或很差	较强
可逆性	可逆	不可逆
吸附平衡	易达到	不易达到

因物理吸附作用力是范德华力,它是普遍存在于所有分子之间的,所以当吸附剂表面吸附了气体分子之后,被吸附的分子还可以再吸附气体分子,因此物理吸附可以是多层的。它的吸附热比化学吸附小得多。物理吸附基本上是无选择性的,此外,由于吸附力弱,物理吸附也容易解吸(或脱附)。吸附速率快,易于达到吸附平衡。

化学吸附的作用力是化学键力,在吸附剂表面与被吸附的气体之间形成了化学键以后,就不再会与其他气体分子成键,故吸附是单分子层的。化学吸附选择性很强,一般来说化学键的生成与破坏是比较困难的,故化学吸附平衡较难建立。

物理吸附与化学吸附不是截然分开的,两者有时可同时发生,并且在不同的情况下,吸附性质也可以发生变化。在气体分离过程中绝大部分是物理吸附。

二、吸附剂

1. 吸附剂的性能要求

作为吸附剂一般有如下的性能要求:
① 较大的比表面,比表面越大,吸附容量越大。
② 对吸附质有高的吸附能力和高选择性。
③ 较高的强度和耐磨性,良好的物理力学性能。

吸附原理

④ 颗粒大小均匀，避免产生流体的返混现象。
⑤ 具有良好的化学稳定性、热稳定性以及价廉易得，容易再生。

2. 常用吸附剂

(1) 活性炭　是一种多孔含碳物质的颗粒粉末，由木炭、坚果壳、煤等含碳原料经炭化与活化制得，具有多孔结构，为疏水性和亲有机物的吸附剂。20℃时，活性炭吸附空气中溶剂蒸气的吸附平衡如图7-16所示。

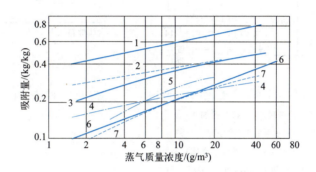

图 7-16　活性炭吸附空气中溶剂蒸气的吸附平衡（20℃）

1—CCl_4；2—乙酸乙酯；3—苯；

4—乙醚；5—乙醇；6—氯甲烷；7—丙酮

(2) 硅胶　是一种坚硬的由无定形 SiO_2 构成的多孔结构的固体颗粒，其表面羟基产生一定的极性，使硅胶对极性分子和不饱和烃具有明显的选择性。

(3) 活性氧化铝　为无定形的多孔结构物质，是一种极性吸附剂，对水有很强的吸附能力。

(4) 合成沸石和天然沸石分子筛　沸石是一种硅铝酸金属盐的晶体，能使比其孔道直径小的分子通过孔道，而比孔径大的分子则排斥在外面，从而使分子大小不同的混合物分离。

三、吸附的工业应用

1. 液体的净化

有机物的脱水，废水中少量有机物的除去以及石油制品、食用油和溶液的脱色是常见的用吸附法净化液体产品的例子。如图 7-17 所示，为粒状活性炭三级处理炼油废水工艺流程。

2. 气体混合物分离

图 7-18 所示为四塔变压吸附循环流程，其中 4 个塔完全相同，分别处于不同的操作状态（吸附、减压、脱附、加压），隔一定时间依次切换，循环操作。

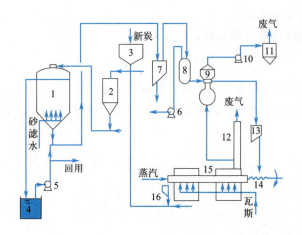
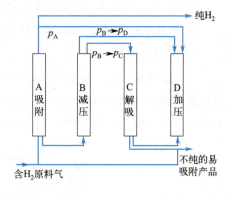

图 7-17 粒状活性炭三级处理炼油废水工艺流程图　　图 7-18 四塔变压吸附循环流程示意图

1—吸附塔；2—冲洗罐；3—新炭投加斗；
4—集水井；5—水泵；6—真空泵；
7—脱水罐；8—储料罐；9—沸腾干燥床；
10—引风机；11—旋风分离器；12—烟筒；
13—干燥罐；14—进料机；15—再生炉；16—急冷罐

回转床吸附　　搅拌槽接触吸附原理　　流化床吸附原理　　移动床吸附原理

第八章 其他分离均相物系的方法

除了蒸馏、精馏、吸收、吸附外，想要从均相混合物中分离出其组分，还可以利用离子交换技术、萃取技术、结晶技术等来实现。离子交换主要用于软化水、贵重金属分离、药物有效成分提纯等方面；萃取主要用于化工厂的废水处理、湿法冶金、制药工业、香料提取等石油及精细化工工业；结晶主要用于糖、盐、染料及其中间体、肥料及药品、味精、蛋白质等的分离与提纯。

第一节 离子交换法

1. 离子交换原理

离子交换法主要用于分离非常小，但是具有干扰性的成分。离子交换是一种物质交换过程，来自液体的离子与另一个合适的固体表面相结合，在交换中固体的其他离子被输送到液体内。

输送离子并且接收液体其他离子的固体，被叫作离子交换剂。离子交换剂大多都是人造的、有表面活性的合成材料，表面有可轻松结合的可交换离子活性群。根据它的酸碱性不同，活性离子群可分为：阳离子交换剂和阴离子交换剂。

交换只能在同类离子之间进行：阳离子交换剂只能交换阳离子。阴离子交换剂只能交换阴离子。下面展现了通过清除 Ca^{2+} 和 HCO_3^- 来填充离子交换剂的过程。

在阳离子交换剂颗粒上：$(KA)\begin{matrix}H^+\\H^+\end{matrix} + Ca^{2+} \longrightarrow (KA)=Ca^{2+} + 2H^+$

在阴离子交换剂颗粒上：$(AA)\begin{matrix}OH^-\\OH^-\end{matrix} + 2HCO_3^- \longrightarrow (AA)\begin{matrix}HCO_3^-\\HCO_3^-\end{matrix} + 2OH^-$

新买的阳离子交换树脂为钠型、阴离子交换树脂为氯型，使用前需分别用酸碱处理转型。处理好的树脂按选定的工艺流程与用量装柱，出水合格后，即可收集。

2. 离子交换树脂的分类

离子交换树脂由三部分组成，即聚合物骨架、功能基和可交换离子。离子交换树脂有不同的分类方法，但一般是以功能基的特征进行分类的。如图 8-1 所示。

$$\text{离子交换树脂}\begin{cases}\text{阳离子}\begin{cases}\text{强酸型}: -SO_3H, -CH_2SO_3H\\ \text{弱酸型}: -COOH, -ArOH, -ArO(OH)_2\end{cases}\\ \text{阴离子}\begin{cases}\text{强碱型}: -N(CH_3)N^+Cl^-, -(CH_2)_3N^+(CH_2CH_2OH)_2Cl^-\\ \text{弱碱型}: -NH_2, -NHR, -NR_2, -S^+R_2Cl^-, -P^+R_3Cl^-\end{cases}\\ \text{特种树脂}: \text{螯合树脂,两性树脂,光活性树脂,酶活性树脂等}\end{cases}$$

图 8-1　离子交换树脂的分类

3. 去离子水的制备

如果去除了所有水中的异物,就称为水的完全去矿物质,得到的水称为去离子水。制备去离子水的设备均带有一台阳离子交换器和一台阴离子交换器,有些设备还另带有一台混合离子交换器,水在离子交换剂填充物内流动。

第二节　萃取

萃取过程指的是通过某种溶剂从固定或流动的混合物质中提取一种或多种物质。根据被溶解物的状态分为固液萃取和液液萃取。

一、固液萃取

固液萃取指的是借助溶剂将固态混合物中的可溶解成分提取出来,又称"浸取"或"浸提"。

1. 过程和概念

固态物质萃取的一个日常例子就是用热水将咖啡粉中的咖啡芳香剂提取出来。这里的萃取材料是新鲜咖啡粉;萃取剂是用于提取的溶剂,即热水;萃取物是提取出来的物质,即咖啡芳香剂;萃取液是含有溶解的萃取物的溶剂,即咖啡;萃取残留是萃取后的萃取材料,即萃取后的咖啡粉;萃取器是萃取工具,即咖啡机。

2. 用于固态萃取的溶剂

选择合适的溶剂对萃取过程的成功至关重要。每个萃取任务都要使用最适合于它的专用溶剂。萃取剂应该具有选择性,溶剂不能与萃取物的成分发生反应,沸点不能过高,价格便宜、无毒、不可燃烧和爆炸,没有腐蚀性,对环境无害,化学性能稳定,热稳定性好。

3. 工业萃取过程

工业萃取过程由以下工序组成:混合萃取物、从萃取后的残留物中将萃取溶液机械分离、萃取物和溶剂中的萃取溶液的热分离。萃取效率即单位时间萃取的物体数量,会受浓度差、扩散阻力、温度的影响。常用的连续工作的固态萃取器有带状萃取器、蜗杆萃取器、旋转萃取器等。

萃取工艺概述

二、液液萃取

1. 液液萃取的用途

液液萃取也称溶剂萃取,简称萃取。它是选用一种适宜的溶剂加入待分离的混合液中,溶剂对混合液中欲分离出的组分应有显著的溶解能力,而对余下的组分应是完全不互溶的或部分互溶。如图 8-2 所示,在萃取操作中,所选用的溶剂称为萃取剂 S,混合液体中欲分离的组分称为溶质 A,混合液体中的原溶剂称为稀释剂 B。萃取操作中所得到的溶液称为萃取相 E,其成分主要是萃取剂和溶质。剩余的溶液称为萃余相 R,其成分主要是稀释剂,还含有剩余的溶质等组分。为使萃取操作得以进行,一方面溶剂 S 对稀释剂 B、溶质 A 要具有不同的溶解度,另一方面 S 与 B 必须具有密度差,便于萃取相与萃余相的分离。

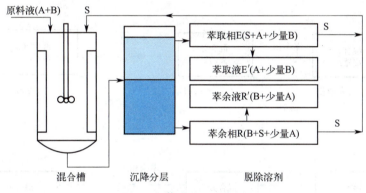

图 8-2 萃取过程示意图

一般地,在下列情况下采用萃取方法比采用蒸馏更为有利:混合液中各组分的沸点很接近或形成恒沸混合物;料液中需分离的组分是热敏性物质;料液中需分离的组分浓度很低且难挥发。

2. 萃取流程

(1) 单级萃取流程 单级萃取是液液萃取中最简单的,也是最基本的操作方式,图 8-3 是单级萃取的流程示意图。原料液 F 和萃取剂 S 同时加入混合器内,充分搅拌,使两相混合,溶质 A 通过相界面由原料液向萃取剂中扩散。经过一定时间后,将混合液 M 送入澄清器,两相澄清分离。若此过程为一个理论级,则两液相互呈平衡,萃取相与萃余相分别从澄清器放出。

(2) 多级错流萃取流程 图 8-4 为多级错流萃取流程示意图,原料液与萃取剂接触萃取,得到的第一级萃余相又与新鲜萃取剂接触萃取,依此类推,直到第 n 级的萃余相达到指定的分离要求为止。

(3) 多级逆流萃取流程 多级逆流萃取的流程如图 8-5 所示,原料液从第一级进入,从第 n 级流出;新鲜萃取剂从第 n 级进入,与原料液逆流逐级接触,从第一级流出。可以获得比较高的萃取率,工业上广泛采用。

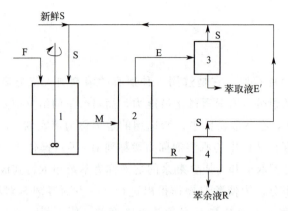

图 8-3　单级萃取流程示意图
1—混合器；2，3，4—澄清器

萃取操作分析

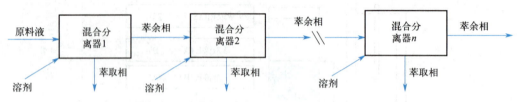

图 8-4　多级错流萃取流程示意图

图 8-5　多级逆流萃取流程示意图

3. 萃取剂的选择

（1）萃取剂的选择性和选择性系数　两相平衡时，萃取相 E 中 A、B 组分之比与萃余相 R 中 A、B 组分之比的比值称为选择性系数 β，选择性系数越大，分离效果越好，应选择 β 远大于 1 的萃取剂。

（2）萃取剂的化学稳定性　萃取剂应不易水解和热解，耐酸、碱、盐、氧化剂或还原剂，腐蚀性小。在原子能工业中，还应具有较高的抗辐射能力。

（3）萃取剂的物理性质

① 溶解度：萃取剂在原料液中的溶解度要小。

② 密度：密度差大，有利于分层，从而提高萃取设备的生产能力。

③ 界面张力：萃取物质的界面张力较大时，有利于液滴的聚结和两相的分离。

④ 黏度：萃取剂的黏度低，有利于两相的混合与分层。

（4）萃取剂回收的难易　有的虽然具有各种良好的性能，但因回收困难而不被采用。

（5）其他因素　如价格、来源、毒性、挥发性、易燃、易爆等。

4. 液液萃取设备

(1) 混合-澄清萃取桶　是混合澄清器最简单的一种形式，如图 8-6 所示，在混合器中，原料液与萃取剂借助搅拌装置的作用使其中一相破碎成液滴分散于另一相中，达到萃取平衡后，停止搅拌，静置分相，然后分别放出。

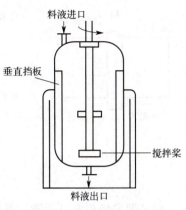

图 8-6　混合-澄清萃取桶

(2) 喷雾塔　喷雾塔是结构最简单的一种萃取设备。如图 8-7(a) 所示，轻、重两相分别从塔底和塔顶进入。其中一相经分散装置分散为液滴后沿轴向流动，与另一相接触进行传质。分散相流至塔另一端后凝聚形成液层排出塔。

(3) 填料萃取塔　如图 8-7(b) 所示。塔内装有适宜的填料，轻、重两相分别由塔底和塔顶进入，流经填料表面的分散相液滴不断破裂与再生。当离开填料时，分散相液滴又重新混合。

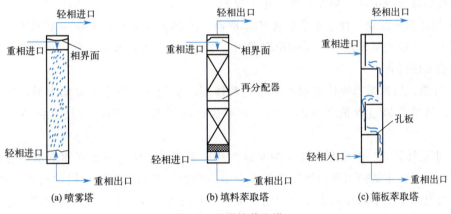

图 8-7　无搅拌萃取塔

(4) 筛板萃取塔　筛板萃取塔是逐级接触式萃取设备，依靠两相的密度差，在重力的作用下，轻、重两相进行分散和逆向流动，如图 8-7(c) 所示。一相穿过筛板分散成细小的液滴进入筛板上的另一相，另一相横向流过塔板，在筛板上两相接触和萃取后，由降液管流至下一层板，直至塔底排出。

(5) 离心萃取设备　当两液体的密度差很小或界面张力甚小而易乳化或黏度很大时，可以利用离心力的作用强化萃取过程，图 8-8 所示。

5. 萃取设备的选用

不同的萃取设备有各自的特点，设计时应根据萃取体系的物理化学性质、处理量、萃取要求及其他因素进行选择。

6. 萃取塔设备操作

(1) 影响因素　pH、温度、盐析、乳化现象均会影响萃取操作。

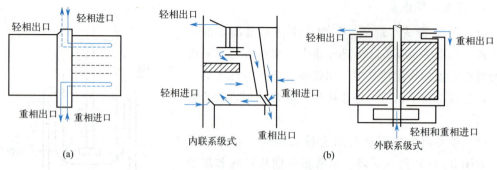

图 8-8 离心萃取作用原理

（2）萃取塔的常见故障　萃取塔的常见故障有液泛、相界面波动太大、冒槽、非正常乳化层的增厚等。

① 液泛。是指萃取器内混合的两相还未来得及分离，液流从相反的方向带出的反常操作。对萃取塔来说，是分散相被连续相带出塔外；对混合澄清萃取来说，是末级分离的水相从有机相口排出或有机相由水相口排出的反过程。液泛常常是由于萃取器的通量过大，或在萃取过程中两相物性发生变化引起的。

② 相界面的波动。处于正常作业的萃取器，其相界面基本稳定在一定水平上。一旦相界面上、下波动幅度增大，说明萃取器内正常的水力平衡已经被破坏，严重时可能导致萃取作业无法进行。

③ 冒槽。冒槽是指液体液面水平超过箱体高度而漫出，由于相界面上升，将轻相顶出箱外。这是萃取过程最严重的事故，它不仅破坏了萃取平衡，而且直接造成有机相流失。

④ 非正常乳化层的增厚。在大型萃取生产中形成乳化层，一般在萃取器的位置是相对稳定的，只要定期抽出界面絮凝物就不会影响操作。但当出现乳化层的增长速度过快，甚至很快充斥整个萃取箱而无法分相的情况时，就成为一种严重事故，应立即停车处理。

三、超临界萃取技术

超临界萃取技术是指以接近或超过临界点的低温、高压、高密度气体作为溶剂，从液体或固体中萃取所需组分，然后采用等压变温或等温变压等方法，将溶质与溶剂分离的单元操作。目前，超临界二氧化碳是使用最多的萃取剂。

1. 超临界萃取的特点

超临界萃取在溶解能力、传质性能以及溶剂回收方面具有如下突出的优点：
① 超临界流体的传质速率高，可更快达到萃取平衡；
② 操作条件接近临界点，易于调控；
③ 溶质与溶剂的分离容易，完全没有溶剂的残留；
④ 具有萃取和精馏的双重特性，可分离难分离的物质；
⑤ 化学性质稳定，能避免天然产物中有效成分的分解。

2. 超临界二氧化碳萃取概述

目前，国内外正在广泛应用超临界二氧化碳萃取技术，如图 8-9 所示。运用该技术可提取过去用化学方法无法提取的物质，且廉价、无毒、安全、高效。

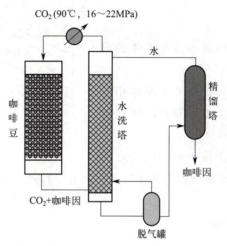

图 8-9　超临界 CO_2 萃取咖啡因

超临界二氧化碳的特点：CO_2 的临界温度为 31.1℃，临界压力为 7.2MPa，临界条件容易达到；CO_2 化学性质不活泼，无色、无味、无毒，安全性好；价格便宜，纯度高，容易获得。

第三节　结　晶

一、结晶的物理基础

1. 溶解度与结晶的关系

组成等于溶解度的溶液称为饱和溶液；组成低于溶解度的溶液称为不饱和溶液；组成大于溶解度的溶液称为过饱和溶液；同一温度下，过饱和溶液与饱和溶液间的组成之差称为溶液的过饱和度。

过饱和溶液是溶液的一种不稳定状态，在条件改变的情况下，比如在振动、投入颗粒、摩擦等条件下，过饱和溶液中的"多余"溶质，便会从溶液中析出来，直到溶液变成饱和溶液为止。显然，过饱和是结晶的前提，过饱和度是结晶过程的推动力。

溶液过饱和度与结晶的关系如图 8-10 所示，AB 线称为溶解度曲线，曲线上任意一点，均表示溶液的一种饱和状态，理论上状态点处在 AB 线左上方的溶液均可以结晶，然而实践表明并非如此，CD 线称为超溶解度曲线，表示溶液达到过饱和，其溶质能自发地结晶析出的曲线，它与溶解度曲线大致平行。AB 线以下的区域称为稳定区，处在此区域的溶液尚未达到饱和，因此不发生结晶；CD 线以上为不稳定区，处在此区域中，溶液能自发地发生结晶；AB 和 CD 线之间的区域称为介稳区，处在此区域中，溶液虽处于过饱和状态，但不会自发地发生结晶，如果投入晶种，则发生结晶。

2. 结晶过程

结晶过程主要包括晶核的形成和晶体的成长两个过程。

二次成核是在含有晶体的溶液在晶体相互碰撞或晶体与搅拌桨（或器壁）碰撞时所产生的微小晶体的诱导下发生的。

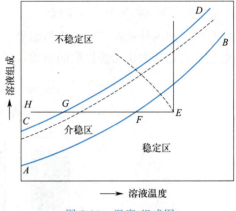

图 8-10　温度-组成图

晶体成长是指过饱和溶液中的溶质质点在过饱和度推动下，向晶核或晶种运动并在其表面上有序排列，使晶核或晶种微粒不断长大的过程。

3. 影响结晶操作的因素

(1) 影响晶核形成的因素　成核速率的大小、数量，取决于溶液的过饱和度、温度、组成等因素，其中起重要作用的是溶液的组成和晶体的结构特点。

① 过饱和度的影响，成核速率随过饱和度的增加而增大。

② 机械作用的影响，二级成核搅拌时碰撞的次数与冲击能的增加，对成核速率也有很大的影响。

③ 组成的影响，杂质的存在可能导致溶解度发生变化，杂质的存在可能形成不同的晶体形状。

(2) 影响晶体成长的因素　溶液的组成及性质、操作条件等对晶体成长均具有一定影响。

① 过饱和度的影响：过饱和度是晶体成长的根本动力，通常，过饱和度越大，晶体成长的速度越快。

② 温度的影响：温度提高，粒子运动加快，有利于成长，但过饱和度或过冷度降低。

③ 搅拌强度的影响：增加搅拌强度，减少了大量晶核析出的可能，但也易使大粒晶体摩擦、撞击而破碎。

④ 冷却速度的影响：冷却速度快，过饱和度增大就快，将析出大量晶核，影响结晶粒度。

⑤ 杂质的影响：杂质的存在或有意识地加入，就会起到改变晶形的效果。

⑥ 晶种的影响：加入晶种是控制产品晶粒大小和均匀程度的重要手段。

4. 常用的结晶方法

在结晶生产过程中，常用的方法有：蒸发结晶、冷却结晶、真空结晶、重结晶。

二、结晶在化工生产中的应用

结晶操作可分为两类：

（1）不移除溶剂的结晶法　基本上不除去溶剂，而是使饱和溶液冷却成为过饱和溶液而结晶，适用于溶解度随温度下降而显著减小的物系。

（2）移除部分溶剂的结晶法　又可分为蒸发结晶法和真空结晶法。蒸发结晶是将溶剂部分汽化，使溶液达到过饱和而结晶。真空冷却结晶是使溶液在真空状态下绝热蒸发，一部分溶剂被除去，溶液则因为溶剂汽化带走了一部分潜热而降低了温度。

与其他单元操作相比，结晶操作具有如下特点：

① 能从杂质含量较多的混合液中分离出高纯度的晶体。

② 能分离高熔点混合物、相对挥发度小的物系、共沸物、热敏性物质等难分离物系。

③ 操作能耗低，对设备材质要求不高、"三废"排放很少。

在化学工业中，常见的结晶过程是将固体物质从溶液及熔融物中结晶出来。经过结晶后的产品，均有一定的外形，便于干燥、包装、运输、贮存等，从而可以更好地满足市场的需求。

结晶操作主要用于制备产品与中间产品和获得高纯度的纯净固体物料。良好的工业结晶过程，不仅可以得到较高纯度的产品，也能得到较大的产率。

三、结晶设备

1. 冷却结晶设备

（1）空气冷却式结晶器　空气冷却式结晶器是一种最简单的敞开型结晶器，靠顶部较大的开敞液面以及器壁与空气间的换热而达到冷却析出结晶的目的。对于含有多结晶水的盐类往往可以得到高质量、较大的结晶。

（2）釜式结晶器　冷却结晶过程所需的冷量由夹套或外部换热器供给，如图 8-11、图 8-12 所示，通过搅拌提高传热和传质速率并使釜内溶液温度和浓度均匀，有利于晶体各晶面成长。

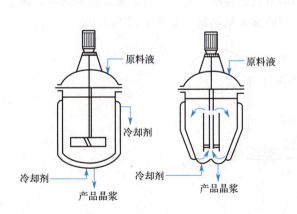

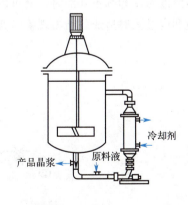

图 8-11　内循环式冷却结晶器　　　　图 8-12　外循环式冷却结晶器

2. 蒸发结晶设备

蒸发结晶有两种方法：一种是将溶液预热，然后在真空或减压下闪蒸；另一种是结晶装置本身附有蒸发器。我国古代就利用太阳能在沿海大面积盐田上晒盐，这也是一种原始而且十分经济的蒸发结晶。

现代的蒸发结晶器都是指严格控制过饱和度与成品结晶粒度的各种装置。包括蒸发式 Krystal-Oslo 生长型结晶器（图 8-13）；DTB 型蒸发式结晶器（图 8-14），也称遮导式结晶器，是目前采用最多的类型。

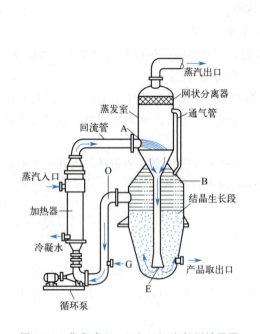

图 8-13　蒸发式 Krystal-Oslo 生长型结晶器

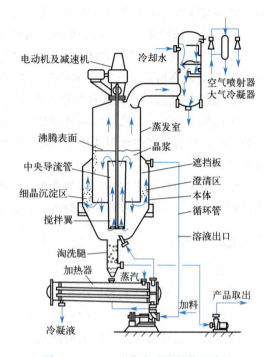

图 8-14　DTB 型蒸发式结晶装置简图

3. 直接冷却结晶设备

当溶液与冷却剂不互溶时，就可以利用溶液直接接触，省去与溶液接触的换热器，防止过饱和度过大时造成的结垢现象。典型的如喷雾式结晶器，如图 8-15 所示。

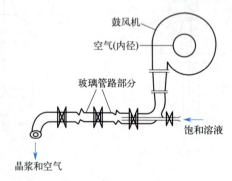

图 8-15　喷雾式结晶器

4. 真空结晶器

借助压力降低，溶液发生沸腾并自动蒸发出一部分溶剂。在结晶容器中产生一种经过浓缩和冷却而过饱和的溶液，并且固体溶质从溶液中以结晶的形式析出。

结晶的操作实训练习结合工作页任务 14——硼酸结晶操作。

四、盐析

1. 盐析

盐析也称为置换结晶,可以理解为通过添加第二种易于溶解的盐(盐类置换剂)让溶液达到过饱和的一种工艺。

2. 沉淀

沉淀也称为反应结晶,是通过添加合适的沉淀剂将要结晶的溶解物质转换为一种不溶解的化合物,其会自主析出晶体。

3. 冷冻

冷冻是一种对温度敏感溶液的浓缩工艺,冷冻并分离溶剂从而提高溶液的浓度。如果冷却一种盐溶液,在达到凝固点时开始析出冰形式的晶体,还未冻结的剩余溶液会提高其浓度,继续冷却时便会不断地析出冰晶,呈现一种由冰晶和浓缩的剩余溶液所组成的糊。适用于对温度敏感且通过加热蒸发可能会有损香气、味道和颜色的溶液。

第九章
非均相物系的机械分离法

机械分离法是借助机械力的作用对混合物进行分离,常用于分离固体混合物、固液混合物、含尘气体等非均相物系。非均相物系分离在生产中主要用在如下几个方面:
① 满足后序生产工艺的要求。
② 回收有价值的物质。
③ 分离非均相混合物。
④ 使某些单元操作正常、高效地进行。
⑤ 减少环境污染,保证生产安全。

第一节 筛分技术

筛分是借助网孔工具将粗细物料进行分离的操作。通过筛分可对粉碎后的物料进行粉末分离等。

1. 密度筛分

利用的是混合散料不同成分具有不同密度这个特性。最常用的是簸选、摇床分选和重介质筛分。

2. 浮选

将不同物质颗粒组成的细粒固体混合物送入添加有浮选化学品的水池中,不同的物质颗粒因上浮或下沉而被分离开。浮选机以不间断的方式进行作业。将混合矿料和浮选液一起加入桨叶搅拌器中。将浮起的带有一种成分颗粒的泡沫撇走并把位于罐底部的带有其他成分颗粒的泥浆抽出。由于在一个单元内无法进行完全的分离,因此经常依次连接多个浮选机共同完成作业。

3. 磁性筛选

常用的设备是磁鼓分离机。分离鼓中有一个固定的电磁铁,仅在鼓的部分区域产生磁性作用。不带磁性的颗粒因没有磁力的作用会经过电磁铁,而带磁性的颗粒会被电磁铁吸附在旋转辊子的磁性区域。在滚辊子的下侧,磁铁的吸附力下降,颗粒在其重力的作用下掉落到料箱中。

4. 分级

将一堆混合矿料分为两堆各自有单一成分的矿料,称为筛选。通过筛选所得的两堆矿料分别由相同成分的不同大小的颗粒组成。为了进一步加工可能需要将两个矿料堆相应地分为具有多个粒度大小的多个矿料堆。这种过程步骤被称为分级。分级常见的过程是过筛、筛分和分流。

筛分机使用一个振动电机进行振动或者摇晃。借此使得筛料散开并在筛子上进行圆周运动。筛网面由一个金属丝网或者带孔的金属板组成。筛网面上有很多大小一样的小孔。其典型尺寸人们称为筛眼宽度(目)。筛分用的筛子,按其制作方式不同可分为编织筛和冲制筛两种。我国国家标准中,共规定了九种筛号,如表9-1所示,一号筛的筛孔内径最大,依次减少,目前工业上习惯常以目数来表示筛号及粉末的粗细,即以每英寸(2.54cm)长度有多少筛孔来表示。

表 9-1 我国常用的工业用筛的规格

筛号	筛孔内径(平均值)	工业筛目号(孔/英寸)
一号筛	2000$\mu m \pm 70\mu m$	10 目
二号筛	850$\mu m \pm 29\mu m$	24 目
三号筛	355$\mu m \pm 13\mu m$	50 目
四号筛	250$\mu m \pm 9.9\mu m$	65 目
五号筛	180$\mu m \pm 7.6\mu m$	80 目
六号筛	150$\mu m \pm 6.6\mu m$	100 目
七号筛	125$\mu m \pm 5.8\mu m$	120 目
八号筛	90$\mu m \pm 4.6\mu m$	150 目
九号筛	75$\mu m \pm 4.1\mu m$	200 目

筛子上留下的矿料称为余料或者粗料,落下的矿料叫过眼料或者细料。如果要将一堆矿料分离为两堆以上的矿料,则使用筛网从上往下依次排列的筛分机,越往下筛眼的宽度越小。每层筛子的两个筛眼宽度的差异人们称为颗粒等级或者颗粒等级宽度,筛出的矿料称为筛出料。如果在图中绘出颗粒等级的质量比例,就可得到粒度分布情况。

5. 风选

风选可以理解为借助气流对矿料进行分级。风选分级的原理是不同大小的颗粒在气流中的风阻大小不同,常用于分离粒度在 $3\mu m$ 至 5mm 的干燥细粒矿料。

6. 水力分级

在液流中颗粒有不同的下沉轨迹。借助流动的水将颗粒矿料分为多个具有相同下沉速度的料堆。不同大小的流动阻力和重力对不同大小的颗粒产生不同的分级作用。适用于从悬浊物、悬浮物或者废水中分离出较大的颗粒或者异物。

7. 粉末的等级

粉末的分等是按通过相应规格的药筛而定,《中国药典》把固体粉末分为六种规格,如表9-2所示。

表 9-2　粉末的分等标准

等级	分等标准
最粗粉	指能全部通过一号筛,但混有能通过三号筛不超过 20% 的粉末
粗粉	指能全部通过二号筛,但混有能通过四号筛不超过 40% 的粉末
中粉	指能全部通过四号筛,但混有能通过五号筛不超过 60% 的粉末
细粉	指能全部通过五号筛,并含能通过六号筛不少于 95% 的粉末
最细粉	指能全部通过六号筛,并含能通过七号筛不少于 95% 的粉末
极细粉	指能全部通过八号筛,并含能通过九号筛不少于 95% 的粉末

固体物料筛分的操作实训练习结合工作页任务 4——固体物料粉碎操作。

第二节　沉降

一、沉降和絮凝

沉降可以理解为借助重力将悬浮液分离为固体颗粒和液体。在发生沉降时,大颗粒比小颗粒下沉的速度更快。在沉淀容器的底部沉积着沉淀物,最上面是带有最细物料颗粒的清液。

当低于 0.5μm 的固体颗粒的极细悬浮液不会发生沉降时,可向其中加入适当的絮凝剂,借助絮凝让小颗粒黏合为较大的颗粒,从而改善沉降或者常常只有这样才能发生沉降。

二、沉降设备

1. 沉降槽

沉降槽主要用于清洁废水。这是一种矩形或者圆形的大池子。在净化池中,从一侧流入废水,水流缓慢流过池子并经过澄清后通过溢流堰离开池子。在缓慢流动时,固体发生沉降。下沉的颗粒在底部汇集成为淤泥,然后用一个刮泥机推到收集漏斗中,再通过一条管道将淤泥抽出。

重力沉降槽构造及工作原理

2. 浮沉分离器

用于澄清除了沉淀物之外还含有悬浮物质(例如油)的废水或者不干净的悬浮液。

3. 叠片式净化器/片式增稠器

可以在一个较小的设备中澄清大量的悬浮液。悬浮液缓慢下流,固体颗粒沉淀到倾斜的薄片底部并作为淤泥层向下滑动,落到一个收集漏斗中被抽离。

4. 多层降尘室

多层隔板式降尘室是处理气固相混合物的设备,其结构如图 9-1 所示。在砖砌的降尘室中放置很多水平隔板,隔板间距通常为 40~100mm,目的是减小灰尘的沉降高度,以缩短沉降时间,增大了沉降器的生产能力。

含尘气体经气体分配道进入隔板缝隙,进、出口气量可通过流量调节阀调节;洁净气体自隔板出口经气体集聚道汇集后再由出口气道排出,流动中颗粒沉降至隔板的表面,经过一定操作时间后,从出灰口将灰尘除去。适于分离重相颗粒直径在 $75\mu m$ 以上的非均相混合气。

5. 降尘气道

用以分离气体非均相物系,结构如图 9-2 所示,常用于含尘气体的预分离。其外形呈扁平状,下部设集灰斗,内设折流挡板。

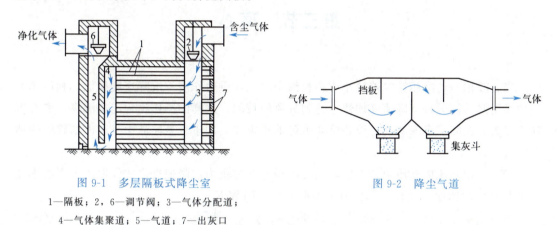

图 9-1 多层隔板式降尘室
1—隔板;2,6—调节阀;3—气体分配道;
4—气体集聚道;5—气道;7—出灰口

图 9-2 降尘气道

含尘气体进入降尘气道后,因流道截面扩大而流速减小,增加了气体的停留时间,使尘粒有足够的时间沉降到集灰斗内。气道中折流挡板增加了气体在气道中的行程,并对气流形成干扰,使部分尘粒与挡板发生碰撞后失去动能落入器底。

在沉淀机中仅将悬浮液部分分离为固体和液体。将清液中的固体减到最少,如果需要将固体和液体完全分离,则必须在沉淀后接着进行其他的分离方法。

三、沉降的影响因素

若颗粒之间的距离很小,即使没有相互接触,一个颗粒沉降时亦会受到其他颗粒的影响,称为干扰沉降。实际沉降多为干扰沉降,各因素的影响如下:

① 周围颗粒的存在和运动将相互影响,使颗粒的沉降速度较自由沉降时小。颗粒含量越大,这种影响越大,沉降时间越长。

② 球形颗粒的沉降速度要大于非球形颗粒的沉降速度。

③ 在其他条件相同时,颗粒越大,沉降速度越大,越容易分离。

④ 流体密度与颗粒密度相差越大,沉降速度越大;流体黏度越大;沉降速度越小。

⑤ 进行沉降时要尽可能控制流体流动处于稳定的低速。

⑥ 器壁的摩擦干扰,使颗粒的沉降速度下降。

通过计算可知,降尘室(如图 9-3 所示)的生产能力只与其宽度 b、长度 l 即沉降面积 bl 和颗粒的沉降速度 u_0 有关,而与降尘室的高度 h 无关,如图 9-4 所示。因此,降尘室通常做成扁平形状。

图 9-3 降尘室

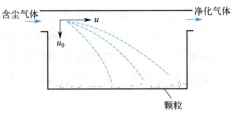

图 9-4 颗粒在降尘室内的运动情况

第三节 离心

当分散相与连续相密度差较小或颗粒细小时,在重力作用下沉降速度很低,利用离心力的作用使固体颗粒沉降速度加快,达到分离的目的,这样的操作称为离心沉降。离心沉降不仅大大提高了沉降速度,设备尺寸也可缩小很多,用于从悬浮液中分离出细碎的固体颗粒。

对于在相同流体介质中的颗粒,离心沉降速度与重力沉降速度之比仅取决于离心加速度 a 与重力加速度 g 之比,其比值称为离心分离因数 K_c。

$$K_c = a/g \tag{9-1}$$

离心分离因数是反映离心沉降设备工作性能的主要参数,对某些高速离心机,分离因数 K_c 值可高达数十万。

衡量离心机分离效果的一个尺度是旋转速度。离心机并不能将悬浮液完全分离为固体和液体,但是相比重力沉淀,其分离率要高得多。低密度差的悬浮液也可以通过离心方法进行分离。

一、间歇式过滤离心机

1. 三足式离心机

图 9-5 所示的为上部卸料的三足式离心机的结构。三足式离心机的轴短而粗,鼓底向上凸出,使转鼓重心靠近上轴承,这不仅使整机高度降低以便操作,而且使转轴回转系统的临界转速远高于离心机的工作转速,减小振动,并且支撑摆杆的挠性较大,整个悬吊系统的固有频率远低于转鼓的转动频率,增大了减振效果。

操作时,转鼓中加入悬浮液,在离心力的作用下,滤液透过滤布和转鼓上的小孔进入外壳,然后再引至出口,固体则被截留在滤布上称为滤饼。待过滤了一定量的悬浮液,滤饼已积到一定厚度后,就停止加料。

三足式离心机是过滤离心机中应用最广泛、适应性最好的一种设备,可用于分离固体从 10μm 的小颗粒至数毫米的大颗粒,甚至纤维状或成件的物料。适用于过滤周期较长、处理量不大、滤渣要求含液量较低的生产过程,可根据滤渣湿含量的要求灵活控制过滤时间。

离心机的结构与工作原理

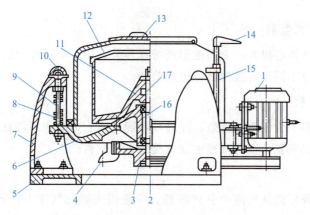

图 9-5 上部卸料的三足式离心机

1—电动机；2—三角皮带轮；3—制动轮；4—滤液出口；5—机座；6—底盘；7—支柱；8—缓冲弹簧；9—摆杆；10—转鼓；11—转鼓底；12—拦液板；13—机盖；14—制动器；15—外壳；16—轴承座；17—主轴

2. 垂直筛筒刮刀卸料式离心机

核心部件是筛筒，由电机驱动旋转，如图 9-6 所示。筛筒位于一个圆形外壳中，其上部有一个悬浮液输入管和沉淀渣的清理装置。悬浮液通过分配器均匀施加在转鼓内面上并随着转鼓进行旋转。借助离心力，悬浮液受到挤压穿过自主形成的沉淀渣。外壳下部盛接甩出的滤液并从侧面排出。

二、连续式过滤离心机

1. 推料式离心机

在推料式离心机中，一个沿着轴向前后移动的推环以小推力将滤渣向前推到筛筒中进行卸料。在前面的转鼓内用清洗液冲洗滤渣，如图 9-7 所示。

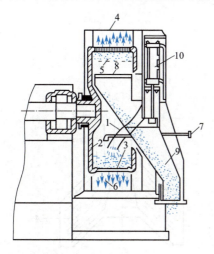

图 9-6 卧式刮刀卸料式离心机

1—进料管；2—转鼓；3—滤网；4—外壳；5—滤饼；6—滤液；7—冲洗管；8—刮刀；9—溜槽；10—液压缸

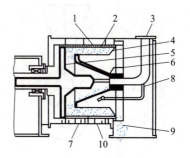

图 9-7 活塞推料式离心机

1—转鼓；2—滤网；3—进料口；4—滤饼；5—活塞推送器；6—进料斗；7—滤液出口；8—冲洗管；9—固体排出；10—洗水出口

2. 螺旋卸料过滤型离心机

螺旋卸料过滤型离心机有一个圆锥形的带孔转鼓。用一个同样为圆锥形的螺杆将滤渣推到卸料侧，螺杆以不同于转鼓的转速进行旋转。

3. 沉淀型离心机

沉淀型离心机有一个沉降式转鼓，在转鼓中通过离心力的作用将悬浮液分离为沉淀物和分离液。通过卸料装置分别对分离液和沉淀物进行卸料。

4. 旋风分离器

它利用离心沉降原理从气流中分离颗粒，一般用来除去气体中粒径 $5\mu m$ 以上的颗粒。

旋风除尘器构造及工作原理

如图 9-8 所示。主体上部为圆筒，下部为圆锥筒；顶部侧面为切线方向的矩形进口，上面中心为气体出口。含尘气体从进气管沿切向进入，受圆筒壁的约束旋转，做向下的螺旋运动（外旋流），到底部后，由于底部没有出口且直径较小，使气流以较小的旋转直径向上做螺旋运动（内旋流），最终从顶部排出。尘粒被甩向壁面，沿壁滑落，进入集尘斗。中心上升的内旋流称为"气芯"，中心部分为低压区，这是旋流设备的一个特点。

可以分离出小到 $5\mu m$ 的颗粒，对 $5\mu m$ 以下的细微颗粒可用后接袋滤器或湿法除尘器的方法来捕集。

5. 圆盘（碟式）离心机

圆盘离心机也称为分离机，是一种转速极高的垂直布置的沉降式离心机，如图 9-9 所示。离心机有一个圆锥形的内腔，用多个圆锥形的盘子将内腔分为许多狭窄的沉淀室。从结构上来看，圆盘离心机是一种"旋转式薄板澄清器"。

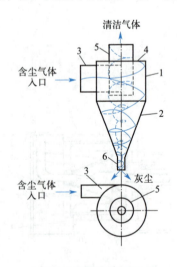

图 9-8 旋风分离器

1—外壳；2—锥形底；3—气体入口道；
4—上盖；5—气体出口管；6—除尘管

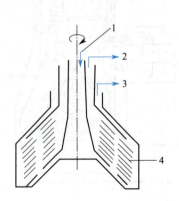

图 9-9 碟片式离心机

1—加料；2—轻液出口；3—重液出口；4—固体物积存区

悬浮液从上部流入并在转向后进入离心机底部外侧范围并从下方进入旋转盘片之间的锥形盘沉淀空间中。借助离心力，在每个沉淀室内分离为沉淀物和分离液。较重的沉淀物颗粒会滑动到盘子底部沿着斜度向外并汇集在那里排出。较轻的离心液会沿着斜坡向上至旋转轴并在上方通过一条固定的排出管吸出。

可以分离粒度最大 $0.5\mu m$ 的细粒悬浮液。借助其很高的分离效果也可以分离仅有较低密度差的悬浮液。

6. 旋液分离器

两种不相溶的液体，在大力混合后会形成一种乳浊液。这是一种液体混合物，从外观看跟均质的液体一样。但是，这实际上是一种含有极小微滴（$0.1\sim 100\mu m$）的异质混合物，微滴尺寸低于 $1\mu m$ 的乳浊液是长时间稳定的。乳浊液可用作金属切削用的冷却润滑剂。

① 在大液滴的乳浊液中由于两种成分有密度差而采用重力沉淀（倾析）。

② 在两种成分密度差较小或者细致弥散的乳浊液中也可借助离心力沉淀进行分离（离心分离）。

③ 由于各个成分会选择性地通过合适的分离膜，极细的乳浊液可采用超滤进行分离。

旋液分离器又称水力旋流器，是利用离心沉降原理从悬浮液中分离固体颗粒的设备，它与旋风分离器结构相似，原理相同，如图 9-10 所示。其锥形部分相对较长，直径相对较小。

悬浮液经入口管沿切向进入圆筒，向下做螺旋形运动，固体颗粒受惯性离心力作用被甩向器壁，随下旋流降至锥底的出口，由底部排出的增浓液称为底流；清液或含有微细颗粒的液体则成为上升的内旋流，从顶部的中心管排出，称为溢流。内旋流中心有一个处于负压的气柱。气柱中的气体是由悬浮液释放出来的，或者是由溢流管口暴露于大气中时将空气吸入器内的。

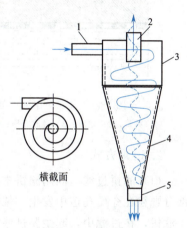

图 9-10 旋液分离器
1—进料管；2—溢流管；
3—圆管；4—锥管；5—底流管

第四节　过滤

过滤是分离悬浮液最常用和最有效的单元操作之一。它利用重力、离心力或压力差使悬浮液通过多孔性过滤介质，其中固体颗粒被截留，滤液穿过介质流出以达到固液混合物的分离。与沉降分离相比，过滤操作可使悬浮液的分离更迅速、更彻底。

一、基本概念

1. 过滤过程与过滤介质

如图 9-11 所示,在过滤操作中,待分离的悬浮液称为滤浆或料浆,被截留下来的固体集合称为滤渣或滤饼,透过固体隔层的液体称为滤液,所用多孔性物质称为过滤介质。常用的过滤介质主要有以下几类:织物介质、多孔固体介质、堆积介质、多孔膜。良好的过滤介质除能达到所需的分离要求外,还应具有足够的机械强度、较小的流动阻力、耐腐蚀性及耐热性等。

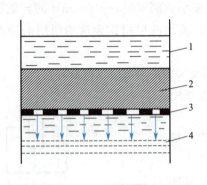

图 9-11 过滤操作示意图
1—料浆;2—滤渣;3—过滤介质;4—滤液

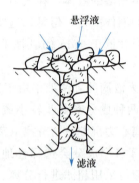

图 9-12 "架桥"现象

2. 过滤方式

(1) 滤饼过滤 利用滤饼本身作为过滤隔层的一种过滤方式。在过滤开始阶段,会有部分颗粒在介质孔道中发生"架桥"现象(如图 9-12 所示),随着颗粒的逐步堆积,形成了滤饼,在过滤中,起主要过滤作用的是滤饼而不是过滤介质。

(2) 深层过滤 固体颗粒不形成滤饼而是被截留在较厚的过滤介质空隙内,常用于处理量大而悬浮液中颗粒小、固体含量低且颗粒直径较小的情况。

3. 助滤剂

为了减少可压缩滤饼的阻力,可使用助滤剂改变滤饼结构,增加滤饼的刚性,提高过滤速率。对助滤剂的基本要求为:

① 具有较好的刚性,能与滤渣形成多孔床层;

② 具有良好的化学稳定性,不与悬浮液反应,也不溶解于液相中。

4. 过滤的推动力

依靠重力为推动力的过滤称为重力过滤。重力过滤的过滤速度慢,仅适用于小规模、大颗粒、含量少的悬浮液过滤。依靠离心力为推动力的过滤称为离心过滤,多用于固相颗粒粒度大、浓度高、液体含量较少的悬浮液。在滤饼上游和滤液出口之间造成压力差而形成过滤推动力的称为压差过滤。

5. 过滤操作周期

过滤操作周期主要包括过滤、洗涤、卸渣、清理等步骤。对于板框过滤机等需装拆的设备,还包括组装过程。应尽量缩短过滤辅助时间,以提高生产效率。

6. 影响过滤速率的因素

① 黏度越小,过滤速率越快,因此对热浆料不应冷却后再过滤,必要时还可将料浆先适当预热。

② 重力过滤推动力小,过滤速率慢,一般仅用来处理固体含量少且容易过滤的悬浮液;加压过滤推动力大,过滤速率快,并可根据需要控制压差大小。真空过滤也能获得较大的过滤速率,真空度在 85kPa 以下。离心过滤的过滤速率快,多用于颗粒粒度相对较大、液体含量较少的悬浮液的分离。

③ 滤饼是过滤阻力的重要贡献者,颗粒越细,滤饼越紧密、越厚,其阻力越大。操作中,设法维持较薄的滤饼厚度对提高过滤速率是十分重要的。

④ 过滤介质的孔隙越小,厚度越厚,则产生的阻力越大,过滤速率越小。

二、常用过滤设备

1. 板框压滤机

压滤机以板框式最为普遍,是一种间歇操作的过滤机。其结构是由许多块正方形的滤板与滤框交替排列组合而成的,板和框之间装有滤布,滤板与滤框靠支耳架在一对横梁上,并用一端的压紧装置将它们压紧,组装后的外形如图 9-13 所示。滤板和滤框可用铸铁、碳钢、不锈钢、铝、塑料、木材等制造。框数可从几个到 60 个,随生产能力而定。

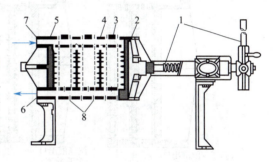

图 9-13　板框压滤机

1—压紧装置;2—可动头;3—滤框;4—滤板;
5—固定头;6—滤液出口;7—滤浆出口;8—滤布

滤板侧面设有凸凹纹路,滤板有过滤板和洗涤板之分,洗涤板的洗涤水通道上设有暗孔,洗涤水进入通道后由暗孔流到两侧框内洗涤滤饼。滤框上方角上开有与板同样的孔,组装后形成悬浮液通道和洗涤水通道;在悬浮液通道上设有暗孔,使悬浮液进入通道后由暗孔流到框内;框的中间是空的,两侧装上滤布后形成累积滤饼的空间,如图 9-14 所示。

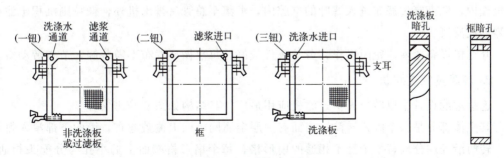

图 9-14　滤板和滤框

滤板中的非洗涤板为一钮板，洗涤板为三钮板，而滤框则是二钮板，滤板与滤框装合时，按钮数以 1-2-3-2-1-2……的顺序排列。

板框压滤机为间歇操作，每个操作循环由装合、过滤、洗涤、卸饼、清理 5 个阶段组成。板框装合完毕，开始过滤，悬浮液在指定压力下经滤浆通路由滤框角上的暗孔并行进入各个滤框，见图 9-14，滤液分别穿过滤框两侧的滤布，沿滤板板面的沟道至滤液出口排出。颗粒被滤布截留而沉积在框内，待滤饼充满全框后，停止过滤。当工艺要求对滤饼进行洗涤时，先将洗涤板上的滤液出口关闭，洗涤水经洗水通路从洗涤板角上的暗孔并行进入各个洗涤板的两侧，见图 9-15。洗涤结束后，旋开压紧装置，将板框拉开卸出滤饼，然后清洗滤布，整理板框，重新装合，进行下一个循环。

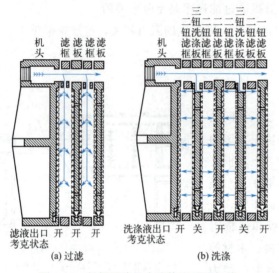

板框过滤机结构简介

图 9-15　板框压滤机内液体流动路径图

板框压滤机结构简单，过滤面积大，占地面积小，操作压力高，滤饼含水少，对各种物料的适应能力强，但所费的劳动力多且劳动强度大。

2. 叶滤机

如图 9-16 所示，设备是由许多不同宽度的长方形滤叶装合而成的。滤叶由金属多孔板或金属网制造，外罩滤布。过滤时滤叶安装在能承受内压的密闭机壳内。滤浆用泵压送到机壳内，滤液穿过滤布进入滤叶的空腔内，汇集至总管后排出机外，颗粒则沉积于滤布外侧形成滤饼。

叶滤机设备紧凑，密闭操作，劳动条件较好，每次循环滤布不需装卸，节省劳动力。

3. 转筒真空过滤机

连续过滤设备中以转鼓真空过滤机应用最广，其结构如图 9-17 所示。

其主体部分是一个卧式转筒，表面有一层金属网，网上覆盖滤布，筒的下部浸入料浆中。转筒沿径向分成若干个互不相通的扇形格，每个扇形格端面上的小孔与分配头相通。凭借分配头的作用，转筒在旋转一周的过程中，每个扇形格可按顺序完成过滤、洗涤、卸渣等操作。

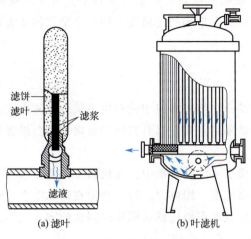

(a) 滤叶　　(b) 叶滤机

图 9-16　加压叶滤机示意图

叶滤机的结构及工作原理

分配头是转筒真空过滤机的关键部件，如图 9-18 所示，它由固定盘和转动盘构成，固定盘开有槽，分别与真空滤液罐、真空洗涤液罐、压缩空气管相连。转动盘固定在转筒上，其孔数、孔径均与转筒端面的小孔相对应，转动盘上的任一小孔旋转一周，都将与固定盘上的五个槽连通一次，从而完成过滤、洗涤和卸渣等操作。

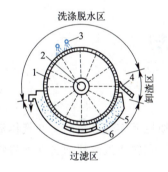
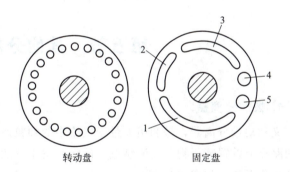

图 9-17　转筒真空过滤机操作示意图
1—转筒；2—分配头；3—洗涤液喷嘴；
4—刮刀；5—滤浆槽；6—摆式搅拌器

图 9-18　分配头示意图
1，2—与真空滤液罐相通的槽；3—与真空洗涤液罐相通的槽；4，5—与压缩空气相通的圆孔

转筒真空过滤机操作连续化、自动化、允许料液浓度变化大、节省人力，生产能力大，适应性强，但结构复杂，过滤面积不大，洗涤不充分，滤饼含液量较高（10%～30%），能耗高，不适宜处理高温悬浮液。

4. 真空盘式过滤器

真空盘式过滤器的过滤单元由多个带孔的绷有滤布的略微呈圆锥形的空心圆盘组成，圆盘安装在一个缓慢旋转的空心轴上。这些圆盘大约有三分之一的直径浸入要过滤的悬浊液中。

转鼓真空过滤机结构及工作原理

5. 真空带式过滤器

真空带式过滤器有一条滤布制成的无缝带，连续或间歇被拉过真空抽吸箱。在带子的开头处加入悬浮液。滤液借助真空被吸过滤布，汇集到容器中。对滤渣喷清洗滤液和洗水，滤液被向下抽出并送入收集箱中。在末端的转向辊上用一个刮刀将滤渣剥下，在带子上会留下一层薄薄的过滤底渣。

三、榨取与超滤技术

榨取用于从海绵状物质或液体结合在细胞组织中的有机果浆中分离出液体。由于越来越多地使用可再生原料，挤压变得越来越重要。只有其他的分离方法会损害口感而无法使用时，才能使用榨取。

在榨取时将挤压物放入一个缓慢变小的挤压室中。在机械压力的作用下，液体从产品中流出并通过挤压室壁上的孔离开挤压室。固体（渣饼）会留在挤压室中，然后可间歇或连续清出。多层平板挤压器、压滤机或者平板压滤机同样以间歇的方式工作。用螺旋挤压机可以对挤压物进行连续挤压作业。

在超滤时，要清洁的液体在压力下流过安装在单孔支承管中的薄膜软管。底液被压过薄膜，分散相因其分子较大而不能通过薄膜，因而得到作为滤液的纯底液和富含分散相的底液。

常压过滤的操作实训练习结合工作页任务 15——常压过滤操作。

第五节　其他分离方法

1. 惯性分离器

又称动量分离器，是利用夹带于气流中的颗粒或液滴的惯性而实现分离的。在气体流动的路径上设置障碍物，气流绕过障碍物时发生突然的转折，颗粒或液滴便撞击在障碍物上被捕集下来，如图 9-19 所示。

惯性分离器与旋风分离器的原理相近，颗粒的密度及直径愈大，颗粒的惯性愈大，则愈易分离；适当增大气流速度及减少转折处的曲率半径也有助于提高效率。如惯性分离器内充填疏松的纤维状物质或黏性液体代替刚性挡板，分离效果还可提高。

2. 湿法分离法

湿法分离法是使气固混合物穿过液体，固体颗粒黏附于液体而被分离出来。

文丘里除尘器主体由收缩管、有孔的喉管及扩散管三段连接而成。液体由喉管外围的环形夹套经若干径向小孔引入，高速通过喉管时把液体喷成很细的雾滴，促使尘粒润湿而聚结长大，随后气流引入旋风分离器或其他分离设备，达到较高的净化程度，如图 9-20 所示。分离也比较彻底，但其阻力较大。

3. 袋滤器

袋滤器是利用含尘气体穿过做成袋状而由骨架支撑起来的滤布，以滤除气体中尘粒的设备。图 9-21 为脉冲式袋滤器的结构示意图。含尘气体由下部进入袋滤器，气体由外向内穿过支撑于骨架上的滤袋，洁净气体汇集于上部由出口管排出，尘粒被截留于滤袋外表面。清灰操作时，开启压缩空气以反吹系统，使尘粒落入灰斗。除尘效率高、适应性强、操作弹性大。

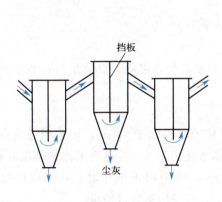

图 9-19　惯性分离器组

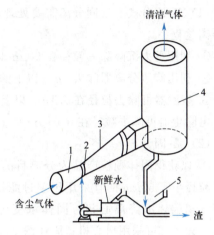

图 9-20　文丘里除尘器

1—收缩管；2—有孔的喉管；
3—扩散管；4—旋风分离器；5—沉降槽

4. 静电分离法

静电分离法是利用两相带电性的差异，借助于电场的作用，使两相得以分离的方法。

含有悬浮尘粒或雾滴的气体通过金属电极间的高压直流静电场，使气体发生电离；带电的粒子或液滴在电场力的作用下向着与其电性相反的收尘电极运动并吸附于电极上而恢复中性。吸附在电极上的尘粒或液滴在振动或冲洗电极时落入灰斗。图 9-22 为具有管状收尘电极的静电除尘器。

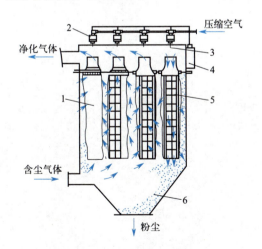

图 9-21　脉冲式袋滤器

1—滤袋；2—电磁阀；3—喷嘴；
4—自控器；5—骨架；6—灰斗

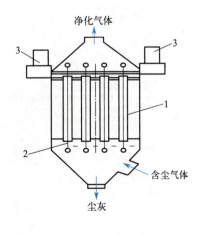

图 9-22　静电除尘器

1—收尘电极；2—放电电极；3—绝缘箱

能有效地捕集 $0.1\mu m$ 甚至更小的烟尘或雾滴，分离效率可高达 99.99％，阻力较小，气体处理量可以很大。

5. 分离方法和设备的选用

(1) 气-固分离　气固分离需要处理的固体颗粒直径通常有一个分布，一般可采用如下分离过程。

① 利用重力沉降除去粒径在 $50\mu m$ 以上的粗大颗粒。

② 利用旋风分离器除去 $5\mu m$ 以上的颗粒。

③ 袋滤器可除去粒径在 $0.1\mu m$ 以上的颗粒，湿法除尘器可除去粒径在 $1\mu m$ 以上的颗粒，电除尘器可除去粒径在 $0.01\mu m$ 以上的颗粒。

(2) 液-固分离

① 以获得固体颗粒产品为分离目的。固体颗粒的粒径大于 $50\mu m$，可采用过滤离心机；粒径小于 $50\mu m$ 的宜采用压差过滤设备。固体浓度小于 1％时，可采用连续沉降槽、旋液分离器、沉降离心机；固体浓度为 1％～10％，可采用板框压滤机；固体浓度为 10％～50％，可采用离心机；固体浓度在 50％以上，可采用真空过滤机。

② 以澄清液体为分离目的。螺旋沉降离心机可除去 $10\mu m$ 以上的颗粒；预涂层的板框式压滤机可除去 $5\mu m$ 以上的颗粒；管式分离机可除去 $1\mu m$ 左右的颗粒。当澄清要求非常高时，可在以上分离操作的最后采用深层过滤。

参 考 文 献

[1] 何灏彦，禹练英，谭平．化工单元操作．3版．北京：化学工业出版社，2020.
[2] 王志魁，刘丽英，刘伟．化工原理．5版．北京：化学工业出版社，2017.
[3] 陆美娟，张浩勤．化工原理：上册．4版．北京：化学工业出版社，2022.
[4] 张浩勤，陆美娟．化工原理：下册．4版．北京：化学工业出版社，2022.
[5] 潘文群，何灏彦．传质分离技术．2版．北京：化学工业出版社，2021.
[6] 时钧，汪家鼎，余国琮，等．化学工程手册：上、下卷．2版．北京：化学工业出版社，1996.
[7] 柴诚敬，张国亮．化工流体流动与传热．2版．北京：化学工业出版社，2007.
[8] 谭天恩，窦梅．化工原理．4版．北京：化学工业出版社，2013.
[9] 冷士良，陆清，宋志轩．化工单元操作及设备．3版．北京：化学工业出版社，2022.
[10] 饶珍．化工单元操作技术．北京：中国轻工业出版社，2017.
[11] 聂莉莎，王新，金贞玉．化工单元操作仿真实训教程．北京：化学工业出版社，2013.
[12] 聂莉莎，魏翠娥．化工单元操作．北京：化学工业出版社，2019.
[13] 林宗寿．无机非金属材料工学．5版．武汉：武汉理工大学出版社，2019.
[14] 张健泓．药物制剂技术．3版．北京：人民卫生出版社．2018.

高等职业教育教材

化学工艺单元操作

(工作页)

冯 凌 聂莉莎 ● 主编

化学工业出版社

·北京·

工作页目录

任务 1　液体物料输送操作 …………………………………………… 3
任务 2　气体物料输送操作 …………………………………………… 11
任务 3　物料的混合操作 ……………………………………………… 17
任务 4　固体物料粉碎操作 …………………………………………… 23
任务 5　套管式换热器换热操作 ……………………………………… 29
任务 6　列管式换热器换热操作 ……………………………………… 37
任务 7　板式换热器换热操作 ………………………………………… 45
任务 8　流化床干燥器操作 …………………………………………… 53
任务 9　干燥速率曲线的测定 ………………………………………… 61
任务 10　板式塔全回流操作 …………………………………………… 69
任务 11　板式塔连续生产操作 ………………………………………… 79
任务 12　吸收解吸装置开停车操作 …………………………………… 87
任务 13　填料塔性能测定 ……………………………………………… 95
任务 14　硼酸结晶操作 ………………………………………………… 103
任务 15　常压过滤操作 ………………………………………………… 109

工作页

一、本工作页使用方法

1. 岗位工作过程描述

化工生产操作工接受生产任务后,阅读和分析工作任务和装置流程图,进行工作步骤顺序的规划,包括设备的选取、连接方式、开车检查、操作的注意事项、可能出现的问题及解决措施、应急预案、相关文案的书写等。在开始工作前,应拟定工作步骤;巡查过程中要及时记录,发现生产过程中出现的异常情况及时上报并采取相应对策;负责工作期间的 6S 管理。

2. 学习目标

(1) 熟悉常见化工单元的操作方法;
(2) 掌握主要单元在操作过程中的基本计算;
(3) 具备查阅和使用常用工程计算图表、手册、资料的能力;
(4) 初步具有选择适宜操作条件、寻找强化过程途径、提高设备能效从而使生产获得最大限度的经济效益的能力;
(5) 具有安全、环保的技能和意识;
(6) 具有运用所学知识解决工程问题的学习能力、应用能力、写作能力、协作能力。

3. 学习过程

信息:接受工作任务,根据任务描述、任务提示,获取相关信息,回答与任务相关的问题。

计划:根据工作任务,与小组成员、教师讨论,制订合理的工作计划。

决策:与教师进行专业交流,回答问题,整理工作流程,并查看检查要求和评价标准。

实施:按确定的工作计划进行工作,完成工作任务。在此过程中发现问题,与组员共同分析、解决。如遇到无法解决的问题,请教师帮助解决。

检查:独立检查本组的工作过程和结果,检查现场 6S 管理情况。

评价:评价工作过程和结果;与同学、老师针对操作过程中存在的问题、理论知识等方面进行专业讨论,提出改进建议,优化工作过程。

4. 行动化学习任务

教师应根据要求准备各类实训耗材和工具,并按步骤讲解相应的内容,部分实训任务可根据学生的情况进行微调。

学生应根据学习工作页的引导,分别完成知识的学习和能力的训练,并在每次任务完成后进行 6S 管理。

二、实训注意事项

实训前应穿着工作服(含工作裤)、防护鞋,长发女生须将长发置于安全帽内,佩戴防护眼镜，携带常备的学习材料和工具，如工作页、量具、绘图工具、纸张、手册等。

实训过程中严格服从实训教师的指导与安排。认真学习，配合教师，积极参与各项活动，在技能操作中应严格按规范操作，按规定完成教学项目与任务，不违规操作，不扰乱课堂秩序。实训过程中应遵守 6S 管理规范。

实训结束后，认真完成实训任务工作页的填写，字迹工整，作图清晰，完成后交由实训教师评阅。及时向现场实训教师报告设备故障及问题。

消防、食品、饮品、出勤、安全、行为等规范及警告条例应遵从学校实训厂房管理制度执行。

三、6S 管理制度

为了在培养学生职业技能的同时，能够培养学生的职业素养，使学生的职业技能和职业素养与企业的需求零距离对接，实训课程的管理与企业平台对接，在实训教学中、在各实训室管理上实施 6S 管理。

所谓的"6S"指的是在实训室运行过程中要做到：整理（seiri）、整顿（seiton）、清扫（seiso）、清洁（seiketsu）、素养（shitsuke）、安全（safety）。

任务 1 液体物料输送操作

化工生产中所处理的原料及产品,大多都是流体。制造产品时,往往按照生产工艺的要求把原料依次输送到各种设备内,进行化学反应或物理变化;制成的产品又常需要输送到储罐内储存。通常设备之间是用管道连接的,要想把流体按照规定的条件,从一个设备送到另一个设备,常常要通过输送设备。

为了将流体由低能位向高能位输送,必须使用各种流体输送机械。用以输送液体的机械统称为泵,在实际生产中,有时单台离心泵无法满足生产要求,需要几台组合运行,组合方式可以有串联和并联两种。

在液体输送过程中,泵和管路二者是相互制约的,若将泵的特性曲线与管路特性曲线绘在同一坐标图上,两曲线交点即为泵在该管路的工作点。

流体在管路中流动时,由于黏性剪应力和涡流的存在,不可避免地会引起流体压力损失,由管路阻力引起能量损失。

任务描述

为适应市场需求,企业改变了洗衣液的配方,调整了加料顺序,为保证能按时、足量地将各种物料送到生产车间,机泵房也相应地调整了工作方案。机泵车间技术小组接到任务后,立即开展研讨分析,最后决定按照新的配方和加料顺序,调整离心泵、旋涡泵的开启顺序和开启数量,以保证生产能顺利进行。现车间需要你检查并合理选用液体物料输送装置,按操作规范开启装置,完成输送任务,并正常停车。

任务执行过程中请认真完成工作页的内容,工作页有助于你掌握更多与本任务相关的理论知识,扩展思路,加深对液体物料输送工艺的认识,减少工作中的错误。

任务提示

一、工作方法

☑ 独立完成"信息"工作页内容,可用理论知识见主教材部分。

☑ 独立完成"计划"工作页内容,并以小组为单位,参照液体输送装置操作规范,讨论计划制订的优缺点,制定突发问题应急预案。

☑ 小组合作完成"决策及实施"工作页内容,选择最优的工作计划,实施过程严格执行,并做好工作过程的记录,同时思考如何优化。

☑ 完成"检查"工作页内容,学生完成"自我评价"内容。

☑ 执行工作计划,对于出现的问题,请先自行解决,如确实无法解决,再寻求教师的帮助。

☑ 与教师讨论,进行工作总结,完成"总结与提高"工作页内容。

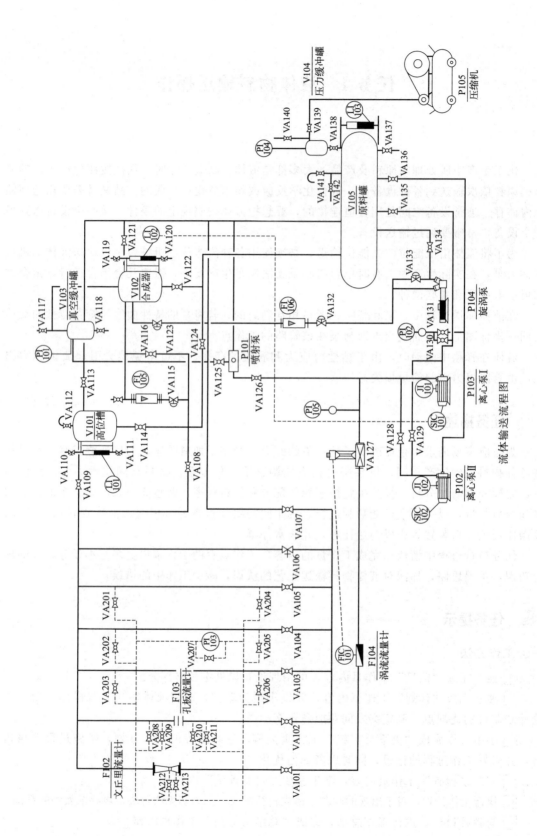

二、工作内容

分析装置流程图，开车前检查。

选定送料流程，制订工作计划。

液体输送装置的开车、生产、停车操作。

现场 6S 管理实施。

三、装置

液体输送设备。

集中仪表面板。

DCS 控制系统。

四、知识储备

PID 图的识读。

离心泵、旋涡泵的结构和工作原理。

泵的操作规范。

DCS 系统调控。

压力、流量、温度、液位测量仪表的使用。

五、注意事项与安全、环保知识

☑ 穿实训鞋、服，戴手套，佩戴安全帽，长发盘起置于安全帽内。

☑ 读懂车间的安全标志并遵照行事。

☑ 启动离心泵之前要盘车，检查泵的出口阀是否关闭。

☑ 谨防触电。

☑ 注意跑、冒、滴、漏现象。

☑ 水质要清洁，以免影响涡轮流量计运行。

☑ 经常检查设备运转情况，如发现异常现象及时通知教师并处理。

六、可用资源

装置 PID 图、液体输送设备操作规范、ISO 标准等标准文件、主教材部分内容等。

三通球阀的工作原理

离心泵结构

离心泵工作原理

工作过程

一、信息

完成本任务前，需要掌握一些必要的信息。请通过回答以下问题，完成任务信息的收集工作。

1. 完成本任务，需要做哪些安全防护措施？

根据所用原料的理化性质选择安全防护用品，佩戴安全帽，穿工作服和工作靴，戴手套，长发盘进帽子里。

2. 开车前需要检查哪些项目？如何检查？

需检查的项目	检查方法
公用工程	原料、水、电、气等是否合格、够用
动设备	离心泵安装高度是否合适，离心泵是否需要灌泵，离心泵、旋涡泵启动电机前是否需要盘车，压缩机的润滑油是否加到指定位置
静设备	管路、管件、阀门连接是否完好，阀门是否灵活好用并处于正确位置，实训装置有无跑、冒、滴、漏现象；检查电器仪表柜处于正常后接通动力电源给设备上电，观察仪表有无异常

3. 完成本任务需要的离心泵，其操作时应该注意什么？

操作注意事项：

4. 关于装置上的离心泵和旋涡泵，你能从铭牌上查到哪些性能参数，请将信息填于下表中。

设备	性能参数
离心泵	
旋涡泵	

5. 请写出下图中标号 1~10 的名称。

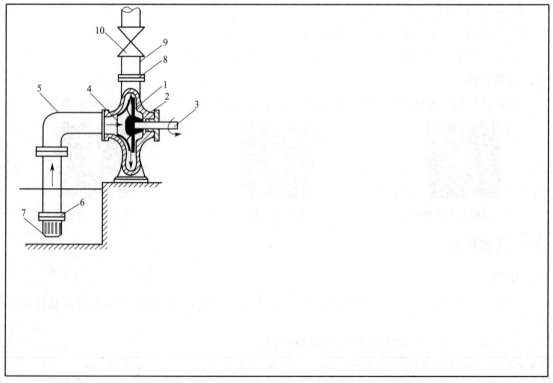

6. 下图是离心泵中的核心部件——叶轮，请说出分别属于哪种类型。

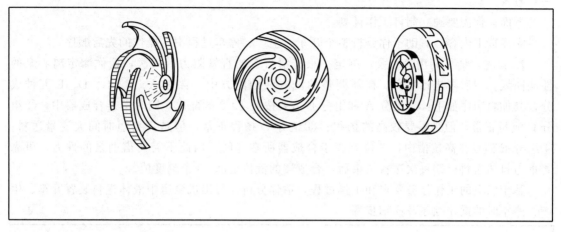

7. 请解释离心泵的汽蚀、气缚现象。

汽蚀：

气缚：

8. 请根据下图，描述离心泵的压头、轴功率、效率与流量的关系。

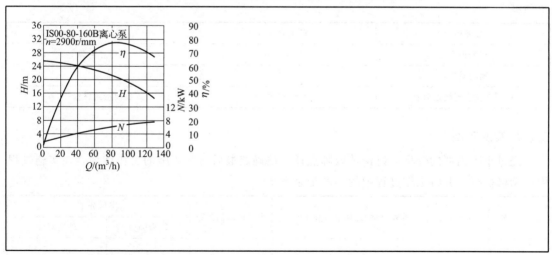

9. 请写出伯努利方程的一种表达形式。

二、计划

下面，你需要独立制订工作计划。

完成以下内容，有助于你分析整个开车、生产、停车过程中，操作的先后顺序。

1. 首先，请你利用离心泵，测定一根光滑直管的直管阻力；其次，请你测定离心泵的性能曲线；然后再进行生产。在新调整的洗衣液的配方中，含有 A、B、C、D、E 五种成分，其加料顺序如下：①组分 A 和组分 B 需要按照 1∶2 的配比，同时送入合成器中；②组分 C 流量正常，但是需要较高的扬程；③组分 D 扬程正常，但是需要短时间大流量送料；④组分 E 储存在高位槽中，其位置高于合成器所在车间，因此不需要借助泵的推力，可靠着重力自然送料；⑤每次送料结束后，合成器的液位上涨 20 个刻度值。

基于以上的工作任务要求和工作过程，请你分析并写出机泵房中液体送料装置开车、生产、停车时的操作顺序及详细步骤。

2. 请针对液体送料装置操作过程中可能出现的问题，给出解决措施，制定突发情况应急预案。

故障内容	产生原因	解决办法
仪表柜无电	总电源未开	开启总电源
离心泵空转	气缚	灌泵
阀门或仪表连接处漏液	密封不严	更换密封材料

三、决策及实施

经过小组内部的分享、讨论及教师点评，请确定最后需要实施的工作计划，在实施过程中，严格执行，并将工作过程中的问题记录下来。

工作过程	相关设备	参数控制(比如液位在120)	需要记录的参数	岗位分工	
				内操岗位	外操岗位

光滑直管阻力测定实验记录表

测量管规格(Φ　　×　　mm,长　　mm)

序号	流量	压降	摩擦系数
1			
2			
3			
4			
5			
6			
7			
8			
9			
10			

离心泵性能曲线测定数据记录表

序号	流量/(m³/h)	入口真空度/kPa	出口压强/kPa	压头 H_e	功率 N_e	功率表读数/W	泵效率
1							
2							
3							
4							
5							
6							
7							
8							
9							
10							
11							
12							
13							
14							
15							

根据上表中的实验数据,画出离心泵特性曲线图。

四、检查

说明:"检查"的意义是学生对自己团队合作能力与装置操作能力进行判断,而与任务是否完成无关。

评价内容	评价要求	分值	得分
课前准备	课前材料准备是否齐全	20	
工作页填写	工作页填写是否认真	15	
团队合作	与组员是否能相互合作完成任务	20	
规范操作	是否严格按照操作步骤完成	30	
积极参与	小组成员是否积极参与任务	15	

总结与提高

一、汇总分析

自我检查评价得分	操作过程教师评价得分

注：教师可使用本教材附带的评价表，也可根据实际情况自行制定评价方案。

二、自我评价与总结

1. 本次任务中，所在团队配合最好的方面：

2. 本次任务中，自己做得较好的方面：

3. 本次任务中，自己最大的收获：

思考与练习

（选择题均为单选题）

1. 离心泵的轴功率 N 和流量 Q 的关系为（　　）。
   A. Q 增大，N 增大　　　　　　B. Q 增大，N 先增大后减小
   C. Q 增大，N 减小　　　　　　D. Q 增大，N 先减小后增大

2. 压力表上的读数表示被测流体的绝对压力比大气压力高出的数值，称为（　　）。
   A. 真空度　　　　B. 表压力　　　　C. 相对压力　　　　D. 附加压力

3. 离心泵的工作点是指（　　）。
   A. 与泵最高效率时对应的点
   B. 由泵的特性曲线所决定的点
   C. 由管路特性曲线所决定的点
   D. 泵的特性曲线与管路特性曲线的交点

4. 流体运动时，能量损失的根本原因是流体存在着（　　）。
   A. 压力　　　　B. 动能　　　　C. 湍流　　　　D. 黏性

5. 离心泵的特性曲线有（　　）条。
   A. 2　　　　B. 3　　　　C. 4　　　　D. 5

教师评价单

任务 2 气体物料输送操作

气体输送机械,其作用与液体输送装置颇为类似,都是对流体做功,以提高流体的压力。由于气体的可压缩性,输送机械内部的气体压力变化的同时,体积和温度都随之变化。离心式压缩机常称为透平压缩机,是进行气体压缩的常用设备,具有流量大、供气均匀、体积小、机体内易损部件少、可连续运转且安全可靠、维修方便、调节方便、机体内无润滑油污染气体等一系列优点。

 任务描述

机泵房接到一生产任务,高位槽和合成器中的物料易被氧化,需要惰性气体保护。机泵车间技术小组接到任务后,立即开展研讨分析,最后决定分别采用压缩机和真空泵向高位槽和合成器输送惰性气体。现车间需要你检查并按操作规范开启气体输送装置,完成输送任务,并正常停车。

任务执行过程中请认真完成工作页的内容,工作页有助于你掌握更多与本任务相关的理论知识,扩展思路,加深对气体物料输送工艺的认识,减少工作中的错误。

 任务提示

一、工作方法

☑ 独立完成"信息"工作页内容,可用理论知识见主教材部分。

☑ 独立完成"计划"工作页内容,并以小组为单位,参照气体输送装置操作规范,讨论计划制订的优缺点,制定突发问题应急预案。

☑ 小组合作完成"决策及实施"工作页内容,选择最优的工作计划,实施过程严格执行,并做好工作过程的记录,同时思考如何优化。

☑ 完成"检查"工作页内容,学生完成"自我评价"内容。

☑ 执行工作计划,对于出现的问题,请先自行解决,如确实无法解决,再寻求教师的帮助。

☑ 与教师讨论,进行工作总结,完成"总结与提高"工作页内容。

二、工作内容

分析装置流程图,开车前检查。

选定送料流程,制订工作计划。

气体输送装置的开车、生产、停车操作。

现场 6S 管理实施。

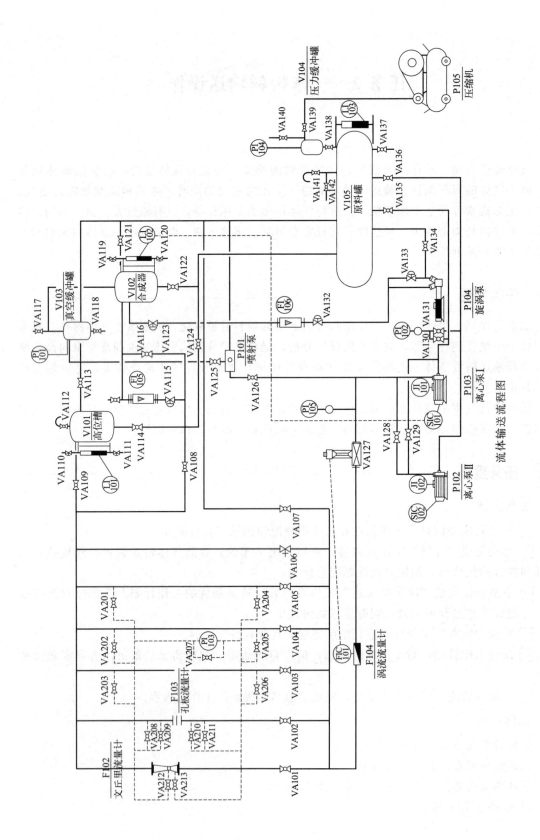

三、装置

　　气体输送设备。

　　集中仪表面板。

　　DCS 控制系统。

四、知识储备

　　PID 图的识读。

　　压缩机、喷射泵的结构和工作原理。

　　压缩机和喷射泵的操作规范。

　　DCS 系统调控。

　　压力、流量、温度、液位测量仪表的使用。

五、注意事项与安全、环保知识

　　☑ 穿实训鞋、服，戴手套，佩戴安全帽，长发盘起置于安全帽内。

　　☑ 读懂车间的安全标志并遵照行事。

　　☑ 启动机泵前进行盘车。

　　☑ 谨防触电。

　　☑ 注意跑、冒、滴、漏现象。

　　☑ 水质要清洁，以免影响涡轮流量计运行。

　　☑ 经常检查设备运转情况，如发现异常现象及时通知教师并处理。

六、可用资源

　　装置 PID 图、气体输送设备操作规范、ISO 标准等标准文件、主教材部分内容等。

闸阀工作原理	气动调节阀工作原理	喷射泵结构及工作原理	止回阀工作原理	旋塞阀工作原理

 工作过程

一、信息

　　完成本任务前，需要掌握一些必要的信息。请通过回答以下问题，完成任务信息的收集工作。

　　1. 完成本任务，需要做哪些安全防护措施？

　　2. 开车前需要检查哪些项目？如何检查？

需检查的项目	检查方法
公用工程	
动设备	
静设备	

3. 完成本任务需要用到压缩机，其操作时应该注意什么？

注意事项：

4. 关于装置上的压缩机和喷射泵，你能从铭牌上查到哪些性能参数，请将信息填于下表中。

设备	性能参数
压缩机	
喷射泵	

5. 请根据下图，写出喷射泵的工作原理。

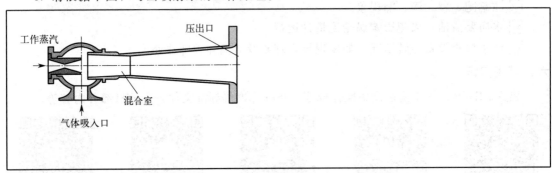

6. 请解释压缩机喘振现象的成因及解决措施。

二、计划

下面，你需要独立制订工作计划。完成以下内容，有助于你分析整个开车、生产、停车过程中，操作的先后顺序。

1. 首先，请你利用压缩机向合成器送料，其次利用喷射泵向合成器送料，每次送料结束后，合成器的液位上涨 20 个刻度值。

基于以上的工作任务要求，请你分析并写出机泵房中气体送料装置开车、生产、停车时的操作顺序及详细步骤。

2. 请针对气体送料装置操作过程中可能出现的问题，给出解决措施，制定突发情况应急预案。

故障内容	产生原因	解决办法
仪表柜无电		
真空度不足		
设备漏气		

三、决策及实施

经过小组内部的分享、讨论及教师点评，请确定最后需要实施的工作计划，在下一步的实施过程中，严格执行，并将工作过程中的问题记录下来。

工作过程	相关设备	参数控制	需要记录的参数	岗位分工	
				内操岗位	外操岗位

四、检查

说明："检查"的意义是学生对自己团队合作能力与装置操作能力进行判断，而与任务是否完成无关。

评价内容	评价要求	分值	得分
课前准备	课前材料准备是否齐全	20	
工作页填写	工作页填写是否认真	15	
团队合作	与组员是否能相互合作完成任务	20	
规范操作	是否严格按照操作步骤完成	30	
积极参与	小组成员是否积极参与任务	15	

总结与提高

一、汇总分析

自我检查评价得分	操作过程教师评价得分

注：教师可使用本教材附带的评价表，也可根据实际情况自行制定评价方案。

二、自我评价与总结

1. 本次任务中，所在团队配合最好的方面：

2. 本次任务中，自己做得较好的方面：

3. 本次任务中，自己最大的收获：

 思考与练习

（选择题均为单选题）

1. 气体在管径不同的管道内稳定流动时，它的（　　）不变。
   A. 流量　　　　B. 质量流量　　　C. 体积流量　　　D. 质量流量和体积流量

2. 气体的黏度随温度升高而（　　）。
   A. 增大　　　　B. 减小　　　　　C. 不变　　　　　D. 略有改变

3. 某气体在等径的管路中作稳定的等温流动，进口压力比出口压力大，则进口气体的平均流速（　　）出口处的平均流速。
   A. 大于　　　　B. 等于　　　　　C. 小于　　　　　D. 不确定

4. 当地大气压为745mmHg，测得一容器内的绝对压力为350mmHg，则真空度为（　　）。
   A. 350mmHg　　B. 395mmHg　　　C. 410mmHg　　　D. 1095mmHg

5. 离心通风机铭牌上的标明风压是100mmH$_2$O，意思是（　　）。
   A. 输送任何条件的气体介质的全风压都达到100mmH$_2$O
   B. 输送空气时不论流量多少，全风压都可达到100mmH$_2$O
   C. 输送任何气体介质，当效率最高时，全风压为100mmH$_2$O
   D. 输送20℃，101325Pa的空气，在效率最高时全风压为100mmH$_2$O

教师评价单

任务3　物料的混合操作

混合是指将两种或两种以上物料均匀混合的操作。通过混合，将两种或者多种不同的物料混合在一起，从而形成拥有尽可能均匀的物料分布的混合物，称为均质化。在混合物中，物料彼此分布，但他们之间没有化学连接。混合过程开始时，待混合的物料是分开或者大致混合的，在混合过程中，这些物料彼此交错在一起。如果混合持续时间足够长，则存在均匀分布。

任务描述

生产车间接到新的生产任务，需要将两种物料混合均匀，再送入反应釜。车间技术小组接到任务后，立即开展研讨分析，最后决定开启车间内的玻璃搅拌釜装置完成生产任务。现车间需要你检查并按操作规范开启装置，完成混合操作，并正常停车。

任务执行过程中请认真完成工作页的内容，工作页有助于你掌握更多与本任务相关的理论知识，扩展思路，加深对混合工艺的认识，减少工作中的错误。

任务提示

一、工作方法

☑ 独立完成"信息"工作页内容，可用理论知识见主教材部分。

☑ 独立完成"计划"工作页内容，并以小组为单位，参照混合设备操作规范，讨论计划制订的优缺点，制定突发问题应急预案。

☑ 小组合作完成"决策及实施"工作页内容，选择最优的工作计划，实施过程严格执行，并做好工作过程的记录，同时思考如何优化。

☑ 完成"检查"工作页内容，学生完成"自我评价"内容。

☑ 执行工作计划，对于出现的问题，请先自行解决，如确实无法解决，再寻求教师的帮助。

☑ 与教师讨论，进行工作总结，完成"总结与提高"工作页内容。

二、工作内容

分析装置流程图，开车前检查。

选定物料流程，制订工作计划。

玻璃搅拌釜装置的开车、生产、停车操作。

现场6S管理实施。

三、装置

玻璃搅拌釜装置。

集中仪表面板。
DCS 控制系统。

四、知识储备

PID 图的识读。
混合工艺原理。
泵的操作规范。
DCS 系统调控。
压力、流量、温度、液位测量仪表的使用。
相组成的表示方法。

五、注意事项与安全、环保知识

☑ 穿实训鞋、服，戴手套，佩戴安全帽，长发盘起置于安全帽内。
☑ 读懂车间的安全标志并遵照行事。
☑ 控制好搅拌速率。
☑ 注意跑、冒、滴、漏现象。
☑ 经常检查设备运转情况，如发现异常现象及时通知教师并处理。

六、可用资源

装置 PID 图、混合操作规范、ISO 标准等标准文件、主教材部分内容等。

工作过程

一、信息

完成本任务前，需要掌握一些必要的信息。请通过回答以下问题，完成任务信息的收集工作。

1. 完成本任务，需要做哪些安全防护措施？

2. 请写出混合操作都有哪些方法，以及这些方法各自的适用范围。

3. 请写出下图中各部件的作用。

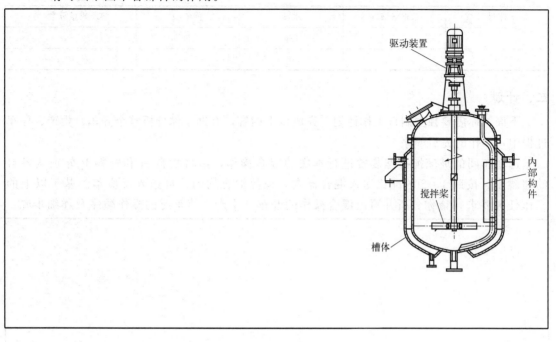

4. 请画图解释轴向流、径向流、切向流的区别。

5. 现需要将160g质量分数为30%的氯化钠溶液加水稀释成16%的氯化钠溶液,你能帮忙计算需要加入水的质量吗?

6. 请填下表。

序号	蔗糖溶液/g	水/g	蔗糖/g	溶质质量分数/%
1	100	95		
2	200		10	
3	50			20

续表

序号	蔗糖溶液/g	水/g	蔗糖/g	溶质质量分数/%
4		126	24	
5		36		10

二、计划

下面，你需要独立制订工作计划。完成以下内容，有助于你分析整个开车、生产、停车过程中，操作的先后顺序。

选用车间的玻璃搅拌釜装置进行本次的混合操作，请将物料 A 和物料 B 分别从各自的储罐中，按照 1∶2 的配比送入混合器内，搅拌混合均匀，再送入反应釜。基于以上的工作任务要求，请你分析并写出混合操作的开车、生产、停车时的操作顺序及详细步骤。

三、决策及实施

经过小组内部的分享、讨论及教师点评，请确定最后需要实施的工作计划，在实施过程中，严格执行，并将工作过程中的问题记录下来。

工作过程	相关设备	参数控制	需要记录的参数	岗位分工	
				内操岗位	外操岗位

四、检查

说明："检查"的意义是学生对自己团队合作能力与装置操作能力进行判断，而与任务是否完成无关。

评价内容	评价要求	分值	得分
课前准备	课前材料准备是否齐全	20	
工作页填写	工作页填写是否认真	15	
团队合作	与组员是否能相互合作完成任务	20	
规范操作	是否严格按照操作步骤完成	30	
积极参与	小组成员是否积极参与任务	15	

 总结与提高

一、汇总分析

自我检查评价得分	操作过程教师评价得分

注：教师可使用本教材附带的评价表，也可根据实际情况自行制定评价方案。

二、自我评价与总结

1. 本次任务中，所在团队配合最好的方面：

2. 本次任务中，自己做得较好的方面：

3. 本次任务中，自己最大的收获：

思考与练习

（选择题均为单选题）

1. 对低黏度均相液体的混合，搅拌器的循环流量从大到小的顺序为（　　）。
   A. 推进式、桨式、涡轮式　　　　B. 涡轮式、推进式、桨式
   C. 推进式、涡轮式、桨式　　　　D. 桨式、涡轮式、推进式

2. 反应釜加强搅拌的目的是（　　）。
   A. 强化传热与传质　B. 强化传热　　C. 强化传质　　D. 提高反应物料温度

3. 反应釜中如进行易黏壁物料的反应，宜选用（　　）搅拌器。
   A. 桨式　　　　　　B. 锚式　　　　C. 涡轮式　　　　D. 螺轴式

4. 适用范围最广的搅拌器形式为（　　）。
   A. 桨式　　　　　　B. 框式　　　　C. 锚式　　　　　D. 涡轮式

5. 在釜式反应器中，对于物料黏稠性很大的液体混合，应选择（　　）搅拌器。
A. 锚式　　　　　B. 桨式　　　　　C. 框式　　　　　D. 涡轮式

教师评价单

任务4　固体物料粉碎操作

粉碎是借助机械力将大块物料破碎成适宜大小的颗粒或细粉的操作，粉碎的主要目的在于减小粒径，增加物料的表面积，每单位体积的粉碎固体物质的表面积远大于原料的表面积。

筛分是借助网孔工具将粗细物料进行分离的操作，通过筛分可对粉碎后的物料进行粉末分等，在筛分时按照颗粒的特性进行分离，例如颗粒大小、密度、可浸润性或者磁化性等。

 任务描述

粉碎筛分车间接到一生产任务，公司本次采购的固体催化剂中含有少量较大颗粒，影响了整体的催化效能，现将这批固体催化剂转至粉碎筛分车间进行加工，希望能取得合适的粒径，达到最佳催化效果。车间技术小组接到任务后，立即开展研讨分析，最后决定采用研钵粉碎和套筛筛分操作，对固体催化剂进行二次加工。现车间需要你检查并按操作规范进行粉碎和筛分操作，完成生产任务。

任务执行过程中请认真完成工作页的内容，工作页有助于你掌握更多与本任务相关的理论知识，扩展思路，加深对粉碎和筛分工艺的认识，减少工作中的错误。

 任务提示

一、工作方法

☑ 独立完成"信息"工作页内容，可用理论知识见主教材部分。

☑ 独立完成"计划"工作页内容，并以小组为单位，参照粉碎装置、筛分装置操作规范，讨论计划制订的优缺点，制定突发问题应急预案。

☑ 小组合作完成"决策及实施"工作页内容，选择最优的工作计划，实施过程严格执行，并做好工作过程的记录，同时思考如何优化。

☑ 完成"检查"工作页内容，学生完成"自我评价"内容。

☑ 执行工作计划，对于出现的问题，请先自行解决，如确实无法解决，再寻求教师的帮助。

☑ 与教师讨论，进行工作总结，完成"总结与提高"工作页内容。

二、工作内容

选定适宜的粉碎设备、筛分设备，制订工作计划。

进行粉碎筛分工作。

现场6S管理实施。

三、装置

粉碎设备。

筛分设备。

四、知识储备

粉碎的工作原理。

筛分的工作原理。

粉碎、筛分设备的操作规范。

破碎度。

粉末的分等。

五、注意事项与安全、环保知识

☑ 穿实训鞋、服，戴手套，佩戴安全帽，长发盘起置于安全帽内。

☑ 读懂车间的安全标志并遵照行事。

☑ 粉碎操作时注意运动部件的操作安全，以防受伤。

☑ 筛分操作时，注意封闭操作，避免粉尘飞扬。

☑ 严禁明火，以防粉尘爆炸。

☑ 注意跑、冒、滴、漏现象。

☑ 经常检查设备运转情况，如发现异常现象及时通知教师并处理。

六、可用资源

粉碎操作规范、筛分操作规范、ISO 标准等标准文件、主教材部分内容等。

工作过程

一、信息

完成本任务前，需要掌握一些必要的信息。请通过回答以下问题，完成任务信息的收集工作。

1. 完成本任务，需要做哪些安全防护措施？

2. 请比较常用的粉碎设备，写出各自的优缺点和适用范围。

粉碎设备	优缺点	适用范围
研钵		
颚式破碎机		
锤式破碎机		
圆锥破碎机		
球磨机		
流能磨		

3. 粉碎操作过程中的应力类型有哪些？请在下图中对应地标注出来。

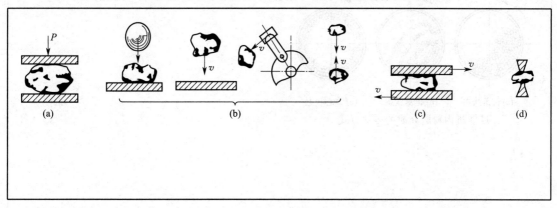

4. 在粗粉碎中，粉碎 D_{80} 数值为 80mm 的物料，粉碎后物料的 d_{80} 数值为 15mm，请计算粉碎度 Z。

5. 请说明颚式破碎机的工作原理。

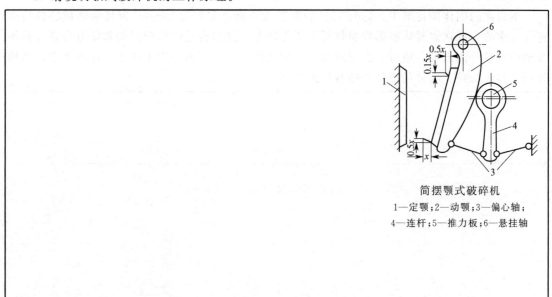

简摆颚式破碎机
1—定颚；2—动颚；3—偏心轴；
4—连杆；5—推力板；6—悬挂轴

6. 请观察球磨机高速、中速、低速转动时，磨球的运动状态，并分别说明其对粉碎粒度的影响。

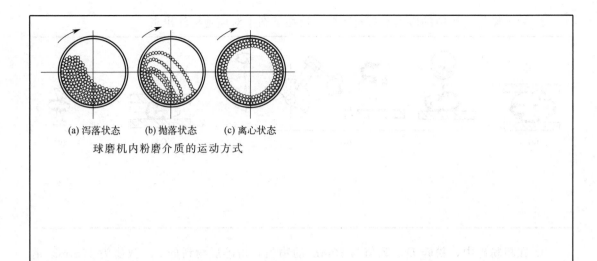

球磨机内粉磨介质的运动方式

7. 请说明浮选的原理。

二、计划

下面，你需要独立制订工作计划。完成以下内容，有助于你分析整个工作过程中，操作的先后顺序。

本批次的固体催化剂中，约有15%的颗粒大于标准粒径（180μm），其余颗粒的粒径是符合要求的。现在需要你根据颗粒性质和工作任务，选取合适的粉碎设备和筛分设备，将不合格的颗粒分离出来，进行二次粉碎加工，使其粒径达标。基于以上的工作任务要求，请你分析并写出粉碎、筛分的操作顺序及详细步骤。

三、决策及实施

经过小组内部的分享、讨论及教师点评，请确定最后需要实施的工作计划，在实施过程中，严格执行，并将工作过程中的问题记录下来。

工作过程	相关设备	具体工作步骤	
		内操岗位	外操岗位

四、检查

说明:"检查"的意义是学生对自己团队合作能力与装置操作能力进行判断,而与任务是否完成无关。

评价内容	评价要求	分值	得分
课前准备	课前材料准备是否齐全	20	
工作页填写	工作页填写是否认真	15	
团队合作	与组员是否能相互合作完成任务	20	
规范操作	是否严格按照操作步骤完成	30	
积极参与	小组成员是否积极参与任务	15	

总结与提高

一、汇总分析

自我检查评价得分	操作过程教师评价得分

注:教师可使用本教材附带的评价表,也可根据实际情况自行制定评价方案。

二、自我评价与总结

1. 本次任务中,所在团队配合最好的方面:

2. 本次任务中,自己做得较好的方面:

3. 本次任务中,自己最大的收获:

思考与练习

（选择题均为单选题）

1. 在装置中采用了破碎机。右侧图示中的是（　　）。

    A. 圆锥破碎机

    B. 颚式破碎机

    C. 球磨机

    D. 锤磨机

    E. 碾磨机

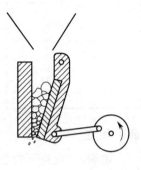

2. 关于固体物料的破碎，下列（　　）正确。

    A. 韧性物料通过压力、冲击、敲击或摩擦进行破碎

    B. 坚硬和脆性物料通过切割和剪切进行破碎

    C. 在轧碎机中对固体物料进行精细破碎

    D. 固体物料表面的大小不受破碎影响

    E. 破碎程度可影响固体物料后续化学反应的速度

3. 经过粉碎获得了一堆固体颗粒。这堆颗粒需要根据颗粒大小进行种类划分。请问（　　）工序适合以上操作。

    A. 蒸馏

    B. 萃取

    C. 倾析

    D. 分选（依据材料特性）

    E. 分类（依据大小，下落速度）

4. 排出的固体物料在继续加工前要先储存。关于固体物料的储存，下列（　　）是错误的。

    A. 最简单的露天仓库是料堆，是露天的物料堆叠

    B. 有保护的仓库是储存仓库，储存物料在其中以防气候影响

    C. 楼宇仓库可以是带有货架内装件的多层库房

    D. 圆形料仓用于储存散状物料，如桶、箱子和袋子

    E. 压缩机常常用于散状物料的进库和出库

教师评价单

任务 5 套管式换热器换热操作

传热是指由于温度差引起的能量转移,又称热传递。由热力学第二定律可知,当有温差存在时,热量必然从高温处传递到低温处,传热是自然界和工程技术领域中极普遍的一种传递现象。在能源、宇航、化工、动力、冶金、机械、建筑等工业部门以及农业、环境保护等部门中都涉及许多有关传热的问题。套管式换热器是指用管件将两种尺寸不同的标准管连接成同心圆套管。套管换热器结构简单、能耐高压。

任务描述

换热车间接到一生产任务,受市场波动影响,今天白班生产的产品量大幅提高,需要换热车间对中间产品进行大流量、快速换热操作;夜班产品产量降低,但反应所需的热量增多。车间技术小组接到任务后,立即开展研讨分析,最后决定使用车间现有的多台套管式换热器,白班和夜班采用不同的换热器组合方式进行生产。现车间需要你检查并按操作规范开启套管式换热器,正确选择组合方式,完成生产任务,并正常停车。

任务执行过程中请认真完成工作页的内容,工作页有助于你掌握更多与本任务相关的理论知识,扩展思路,加深对换热工艺的认识,减少工作中的错误。

任务提示

一、工作方法

☑ 独立完成"信息"工作页内容,可用理论知识见主教材部分。

☑ 独立完成"计划"工作页内容,并以小组为单位,参照换热装置操作规范,讨论计划制订的优缺点,制定突发问题应急预案。

☑ 小组合作完成"决策及实施"工作页内容,选择最优的工作计划,实施过程严格执行,并做好工作过程的记录,同时思考如何优化。

☑ 完成"检查"工作页内容,学生完成"自我评价"内容。

☑ 执行工作计划,对于出现的问题,请先自行解决,如确实无法解决,再寻求教师的帮助。

☑ 与教师讨论,进行工作总结,完成"总结与提高"工作页内容。

二、工作内容

分析装置流程图,开车前检查。

选定换热器连接方式,制订工作计划。

套管式换热器的开车、生产、停车操作。

现场 6S 管理实施。

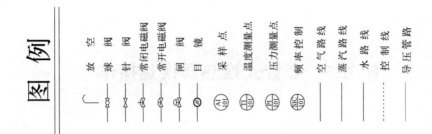
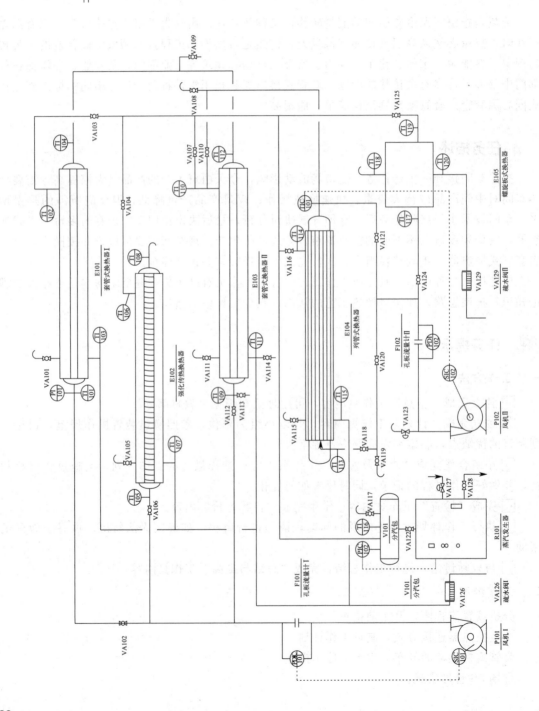

三、装置

套管式换热器。
集中仪表面板。
DCS 控制系统。

四、知识储备

PID 图的识读。
换热工艺原理。
套管式换热器结构。
风机的操作规范。
DCS 系统调控。
压力、流量、温度、液位测量仪表的使用。

五、注意事项与安全、环保知识

☑ 穿实训鞋、服，戴手套，佩戴安全帽，长发盘起置于安全帽内。
☑ 读懂车间的安全标志并遵照行事。
☑ 开始加热前检查蒸汽发生器的水位，避免干烧。
☑ 旋涡气泵必须保持一通路，避免气泵被烧坏。
☑ 本实训设备的热流体为带有一定压力的蒸汽，所走管路均用红色保温带包裹，不要用手触摸红色区域，避免烫伤，最好戴防护手套操作蒸汽管路。
☑ 切勿私自打开仪表柜后盖，谨防触电。

六、可用资源

装置 PID 图、换热设备操作规范、ISO 标准等标准文件、"主教材"部分内容等。

固定管板式换热器工作原理　　Y 形高压疏水阀结构　　Y 形高压疏水阀工作原理

 工作过程

一、信息

完成本任务前，需要掌握一些必要的信息。请通过回答以下问题，完成任务信息的收集工作。

1. 传热的基本方式有哪几种？特点是什么？

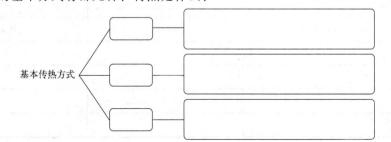

2. 完成本任务，需要做哪些安全防护措施？

3. 开车前需要检查哪些项目？如何检查？

需检查的项目	检查方法

4. 完成本任务需要用到风机，其操作时应该注意什么？

注意事项：

5. 关于装置上的风机和套管式换热器，你能查到哪些性能参数，请将信息填于下表中。

设备	性能参数
风机	
套管式换热器	
强化传热换热器	

6. 工业上常用的载热体有哪些？分别有什么优缺点？

载热体	温度范围	优点	缺点
热水			
蒸汽			
导热油			
烟道气			
载冷体	温度范围	优点	缺点
空气			
水			
冷冻盐水			
液氨			

7. 请对照套管式换热器的结构图，说出其优缺点。

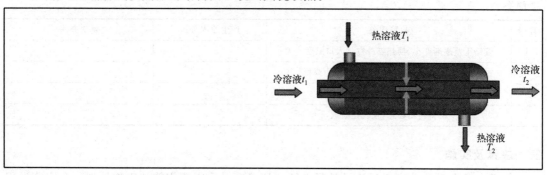

8. 请说明换热器的串、并联分别对温度、流量有什么影响？

串联：

并联：

二、计划

下面，你需要独立制订工作计划。完成以下内容，有助于你分析整个开车、生产、停车过程中，操作的先后顺序。

1. 白班的生产任务是利用多台套管式换热器对中间产品大流量、快速加热后，将中间产品送往反应器；夜班的生产任务是利用多台套管式换热器小流量生产，并且提高中间产品的温度，再送往反应器。基于不同班组的生产任务不同，请你分析后为两个班组制定各自的套管式换热器组合方式，并写出各自的装置开车、生产、停车时的操作顺序及详细步骤。

白班：
(1)套管式换热器的组合方式为_____。
(2)操作步骤：

夜班：
(1)套管式换热器的组合方式为_____。
(2)操作步骤：

2. 请针对套管式换热器操作过程中可能出现的问题，给出解决措施，制定突发情况应急预案。

序号	故障现象	产生原因分析	解决办法
1	管路压差逐渐变小、换热器冷空气入口温度变大		
2	疏水阀无蒸汽喷出或分汽包内压力降低		
3	空气流量变大		
4	设备突然停止，仪表柜断电		

三、决策及实施

经过小组内部的分享、讨论及教师点评，请确定最后需要实施的工作计划，在实施过程中，严格执行，并将工作过程中的问题记录下来。

工作过程	相关设备	具体工作步骤	
		内操岗位	外操岗位

套管式换热器_____和_____串联数据记录表

装置编号	1	2	3	4	5	6	7
压差 PIC101/kPa							
TI101/℃							
TI104/℃							
TI102/℃							
TI103/℃							
TI109/℃							
TI112/℃							
TI110/℃							
TI111/℃							

套管式换热器_____和_____并联数据记录表

装置编号	1	2	3	4	5	6	7
压差 PIC101/kPa							
TI101/℃							
TI104/℃							
TI102/℃							
TI103/℃							
TI109/℃							
TI112/℃							
TI110/℃							
TI111/℃							

四、检查

说明："检查"的意义是学生对自己团队合作能力与装置操作能力进行判断，而与任务是否完成无关。

评价内容	评价要求	分值	得分
课前准备	课前材料准备是否齐全	20	
工作页填写	工作页填写是否认真	15	
团队合作	与组员是否能相互合作完成任务	20	
规范操作	是否严格按照操作步骤完成	30	
积极参与	小组成员是否积极参与任务	15	

 总结与提高

一、汇总分析

自我检查评价得分	操作过程教师评价得分

注：教师可使用本教材附带的评价表，也可根据实际情况自行制定评价方案。

二、自我评价与总结

1. 本次任务中，所在团队配合最好的方面：

2. 本次任务中，自己做得较好的方面：

3. 本次任务中，自己最大的收获：

教师评价单

 思考与练习

（选择题均为单选题）

1. 对流传热时流体处于湍动状态，在滞流内层中，热量传递的主要方式是（　　）。
   A. 传导　　　　　B. 对流　　　　　C. 辐射　　　　　D. 传导和对流

2. 对于间壁式换热器，流体的流动速度增加，其传热系数（　　）。
   A. 减小　　　　　B. 不变　　　　　C. 增加　　　　　D. 不能确定

3. 热辐射和热传导、对流方式传递热量的根本区别是（　　）。
   A. 有无传递介质　　　　　B. 物体是否运动
   C. 物体内分子是否运动　　D. 以上均有

4. 化工过程两流体间宏观上发生热量传递的条件是存在（　　）。
   A. 保温　　　　　B. 不同传热方式　C. 温度差　　　　D. 传热方式相同

5. 热的传递是由于换热器管壁两侧流体的（　　）不同而引起的。
   A. 流动状态　　　B. 湍流系数　　　C. 压力　　　　　D. 温度

任务6　列管式换热器换热操作

固定管板式列管换热器，主要由壳体、管束、管箱、管板、折流挡板、连接管件等部分组成。其结构特点是，两块管板分别焊于壳体的两端，管束两端固定在管板上。整个换热器分为两部分：换热管内的通道及与其两端相贯通处称为管程；换热管外的通道及与其相贯通处称为壳程。它具有结构简单和造价低廉的优点。

任务描述

换热车间接到一生产任务，受更换原料的影响，今天白班生产的中间产品对热较为敏感；夜班生产的中间产品对热的敏感性不高，现需要换热车间对中间产品进行升温，达标后方可进入反应器。车间技术小组接到任务后，立即开展研讨分析，最后决定使用车间现有的列管式换热器，白班和夜班采用改变物料流向的方式进行生产。现车间需要你检查并按操作规范开启列管式换热器，正确选择物料流向，完成生产任务，并正常停车。

任务执行过程中请认真完成工作页的内容，工作页有助于你掌握更多与本任务相关的理论知识，扩展思路，加深对换热工艺的认识，减少工作中的错误。

任务提示

一、工作方法

☑ 独立完成"信息"工作页内容，可用理论知识见主教材部分。

☑ 独立完成"计划"工作页内容，并以小组为单位，参照换热装置操作规范，讨论计划制订的优缺点，制定突发问题应急预案。

☑ 小组合作完成"决策及实施"工作页内容，选择最优的工作计划，实施过程严格执行，并做好工作过程的记录，同时思考如何优化。

☑ 完成"检查"工作页内容，学生完成"自我评价"内容。

☑ 执行工作计划，对于出现的问题，请先自行解决，如确实无法解决，再寻求教师的帮助。

☑ 与教师讨论，进行工作总结，完成"总结与提高"工作页内容。

二、工作内容

分析装置流程图，开车前检查。

选定冷、热物料的流向，制订工作计划。

列管式换热器的开车、生产、停车操作。

现场6S管理实施。

三、装置

列管式换热器。

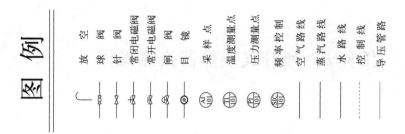

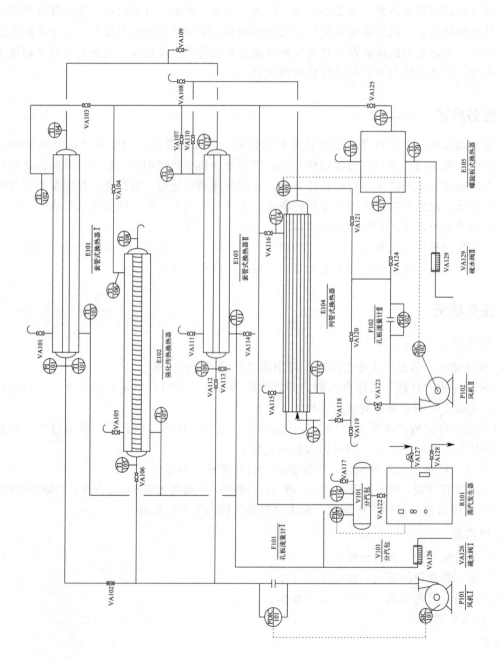

集中仪表面板。
DCS 控制系统。

四、知识储备

PID 图的识读。
换热工艺原理。
列管式换热器结构。
风机的操作规范。
DCS 系统调控。
压力、流量、温度、液位测量仪表的使用。

五、注意事项与安全、环保知识

☑ 穿实训鞋、服，戴手套，佩戴安全帽，长发盘起置于安全帽内。
☑ 读懂车间的安全标志并遵照行事。
☑ 开始加热前检查蒸汽发生器的水位，避免干烧。
☑ 旋涡气泵必须保持一通路，避免气泵被烧坏。
☑ 本实训设备的热流体为带有一定压力的蒸汽，所走管路均用红色保温带包裹，不要用手触摸红色区域，避免烫伤，最好戴防护手套操作蒸汽管路。
☑ 切勿私自打开仪表柜后盖，谨防触电。

六、可用资源

装置 PID 图、换热设备操作规范、ISO 标准等标准文件、主教材部分内容等。

列管式换热器　　　　　　过滤器结构　　　　　　过滤器原理

工作过程

一、信息

完成本任务前，需要掌握一些必要的信息。请通过回答以下问题，完成任务信息的收集工作。

1. 完成本任务，需要做哪些安全防护措施？

2. 关于装置上的列管式换热器，你能查到哪些性能参数，请将信息填于下表中。

设备	性能参数
列管式换热器	

3. 请对照列管式换热器的结构图,说出其优缺点。

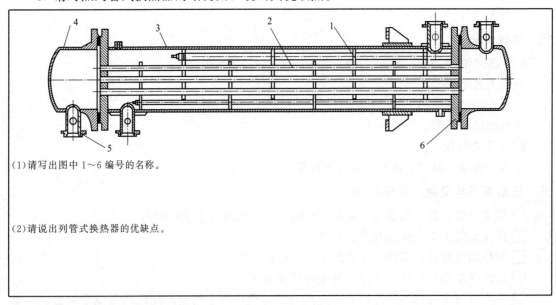

(1)请写出图中 1~6 编号的名称。

(2)请说出列管式换热器的优缺点。

4. 请写出并流、逆流情况下,传热推动力的计算公式。

并流:	逆流:

二、计划

下面,你需要独立制订工作计划。完成以下内容,有助于你分析整个开车、生产、停车过程中,操作的先后顺序。

1. 白班的生产任务是利用列管式换热器对热敏性物料进行降温;夜班的生产任务是利用列管式换热器对常规物料进行升温,达标后送入反应器。基于不同班组的生产任务不同,请你分析后为两个班组确定各自的列管式换热器中冷、热物料的流向,并写出各自的装置开车、生产、停车时的操作顺序及详细步骤。

白班:
(1)列管式换热器中冷、热物料的流向为 _____。
(2)操作步骤:

夜班:
(1)列管式换热器中冷、热物料的流向为 _____。
(2)操作步骤:

2. 请针对列管式换热器操作过程中可能出现的问题，给出解决措施，制定突发情况应急预案。

序号	故障现象	产生原因分析	解决办法
1	管路压差逐渐变小、换热器冷空气入口温度变大		
2	疏水阀无蒸汽喷出或分汽包内压力降低		
3	空气流量变大		
4	设备突然停止，仪表柜断电		

三、决策及实施

经过小组内部的分享、讨论及教师点评，请确定最后需要实施的工作计划，在实施过程中，严格执行，并将工作过程中的问题记录下来。

工作过程	相关设备	具体工作步骤	
		内操岗位	外操岗位

列管式换热器_____流数据记录表

装置编号	1	2	3	4	5	6	7	8
压差 PDI102/kPa								
TI113/℃								
TIC101/℃								
TI114/℃								
TI115/℃								

列管式换热器_____流数据记录表

装置编号	1	2	3	4	5	6	7	8
压差 PDI102/kPa								
TI113/℃								
TIC101/℃								
TI114/℃								
TI115/℃								

四、检查

说明:"检查"的意义是学生对自己团队合作能力与装置操作能力进行判断,而与任务是否完成无关。

评价内容	评价要求	分值	得分
课前准备	课前材料准备是否齐全	20	
工作页填写	工作页填写是否认真	15	
团队合作	与组员是否能相互合作完成任务	20	
规范操作	是否严格按照操作步骤完成	30	
积极参与	小组成员是否积极参与任务	15	

总结与提高

一、汇总分析

自我检查评价得分	操作过程教师评价得分

注:教师可使用本教材附带的评价表,也可根据实际情况自行制定评价方案。

二、自我评价与总结

1. 本次任务中,所在团队配合最好的方面:

2. 本次任务中,自己做得较好的方面:

3. 本次任务中,自己最大的收获:

思考与练习

（选择题均为单选题）

1. 对间壁两侧流体一侧恒温、另一侧变温的传热过程，逆流和并流时 Δt_m 的大小为（　　）。

   A. $\Delta t_{m逆} > \Delta t_{m并}$　　　　　　B. $\Delta t_{m逆} < \Delta t_{m并}$

   C. $\Delta t_{m逆} = \Delta t_{m并}$　　　　　　D. 不确定

2. 对流传热速率等于系数×推动力，其中推动力是（　　）。

   A. 两流体的温度差　　　　　　B. 流体和壁的温度差

   C. 同一流体的温度差　　　　　　D. 两流体的速度差

3. 化工厂常见的间壁式换热器是（　　）。

   A. 固定管板式换热器　　　　　　B. 板式换热器

   C. 釜式换热器　　　　　　D. 蛇管式换热器

4. 换热器中的换热管在管板上排列，相同管板面积中排列管数最多的是（　　）排列。

   A. 正方形　　　B. 正三角形　　　C. 同心圆　　　D. 矩形

5. 用于处理管程不易结垢的高压介质，并且管程与壳程温差大时，需选用（　　）换热器。

   A. 固定管板式　　　B. U型管式　　　C. 浮头式　　　D. 套管式

任务 7　板式换热器换热操作

螺旋板式换热器由两张间隔一定的平行薄金属板卷制而成,两张薄金属板形成两个同心的螺旋形通道,两板之间焊有定距柱以维持通道间距,在螺旋板两端焊有盖板。冷热流体分别通过两条通道,通过薄板进行换热。

任务描述

换热车间接到一生产任务,对生产的中间产品进行升温操作,该中间产品洁净无杂质,流量较小,升温达标后送入反应器。车间技术小组接到任务后,立即开展研讨分析,最后决定使用车间现有的螺旋板式换热器进行生产。现车间需要你检查并按操作规范开启螺旋板式换热器,正确选择物料流向,完成生产任务,并正常停车。

任务执行过程中请认真完成工作页的内容,工作页有助于你掌握更多与本任务相关的理论知识,扩展思路,加深对换热工艺的认识,减少工作中的错误。

任务提示

一、工作方法

☑ 独立完成"信息"工作页内容,可用理论知识见理论部分。

☑ 独立完成"计划"工作页内容,并以小组为单位,参照换热装置操作规范,讨论计划制订的优缺点,制定突发问题应急预案。

☑ 小组合作完成"决策"工作页内容,选择最优的工作计划,实施过程严格执行,并做好工作过程的记录,同时思考如何优化。

☑ 完成"检查"工作页内容,学生完成"自我评价"内容。

☑ 执行工作计划,对于出现的问题,请先自行解决,如确实无法解决,再寻求教师的帮助。

☑ 与教师讨论,进行工作总结,完成"总结与提高"工作页内容。

二、工作内容

分析装置流程图,开车前检查。

选定换热器种类,制订工作计划。

螺旋板式换热器的开车、生产、停车操作。

现场 6S 管理实施。

三、装置

螺旋板式换热器。

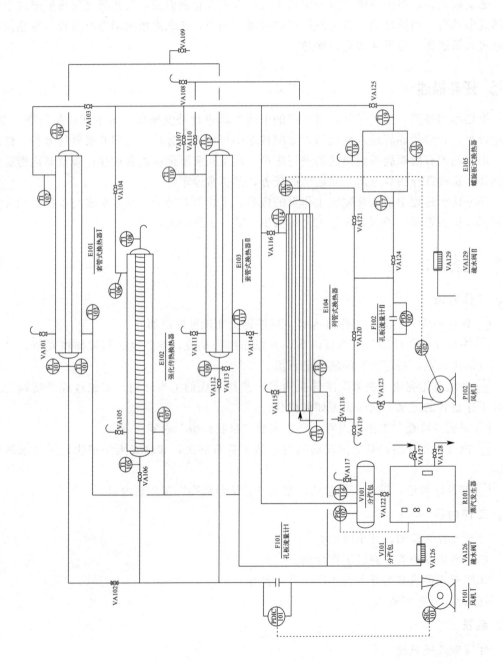

集中仪表面板。
DCS 控制系统。

四、知识储备

PID 图的识读。
换热工艺原理。
螺旋板式换热器结构。
风机的操作规范。
DCS 系统调控。
压力、流量、温度、液位测量仪表的使用。

五、注意事项与安全、环保知识

☑ 穿实训鞋、服，戴手套，佩戴安全帽，长发盘起置于安全帽内。
☑ 读懂车间的安全标志并遵照行事。
☑ 开始加热前检查蒸汽发生器的水位，避免干烧。
☑ 旋涡气泵必须保持一通路，避免气泵被烧坏。
☑ 本实训设备的热流体为带有一定压力的蒸汽，所走管路均用红色保温带包裹，不要用手触摸红色区域，避免烫伤，最好戴防护手套操作蒸汽管路。
☑ 切勿私自打开仪表柜后盖，谨防触电。

六、可用资源

装置 PID 图、换热设备操作规范、ISO 标准等标准文件、主教材部分内容等。

螺旋板式换热器

 工作过程

一、信 息

完成本任务前，需要掌握一些必要的信息。请通过回答以下问题，完成任务信息的收集工作。

1. 完成本任务，需要做哪些安全防护措施？

2. 关于装置上的螺旋板式换热器，你能查到哪些性能参数，请将信息填于下表中。

设备	性能参数
列管式换热器	

3. 请对照螺旋板式换热器的结构图，说出其优缺点。

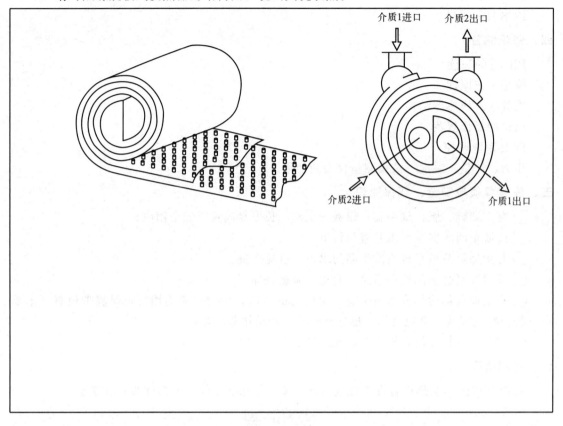

二、计划

下面，你需要独立制订工作计划。完成以下内容，有助于你分析整个开车、生产、停车过程中，操作的先后顺序。

1. 基于工作任务要求，请你分析并写出螺旋板式换热器装置开车、生产、停车时的操作顺序及详细步骤。

2. 请针对螺旋板式换热器操作过程中可能出现的问题，给出解决措施，制定突发情况应急预案。

序号	故障现象	产生原因分析	解决办法

三、决策及实施

经过小组内部的分享、讨论及教师点评，请确定最后需要实施的工作计划，在实施过程中，严格执行，并将工作过程中的问题记录下来。

工作过程	具体工作步骤	
	内操岗位	外操岗位

螺旋板式换热器数据记录表

装置编号	1	2	3	4	5	6	7
压差 PDI102/kPa							
TI117/℃							
TI118/℃							
TI119/℃							
TI120/℃							

四、检查

说明:"检查"的意义是学生对自己团队合作能力与装置操作能力进行判断,而与任务是否完成无关。

评价内容	评价要求	分值	得分
课前准备	课前材料准备是否齐全	20	
工作页填写	工作页填写是否认真	15	
团队合作	与组员是否能相互合作完成任务	20	
规范操作	是否严格按照操作步骤完成	30	
积极参与	小组成员是否积极参与任务	15	

 总结与提高

一、汇总分析

自我检查评价得分	操作过程教师评价得分

注:教师可使用本教材附带的评价表,也可根据实际情况自行制定评价方案。

二、自我评价与总结

1. 本次任务中,所在团队配合最好的方面:

2. 本次任务中,自己做得较好的方面:

3. 本次任务中,自己最大的收获:

思考与练习

（选择题均为单选题）

1. 管式换热器与板式换热器相比（　　）。
   A. 传热效率高　　　B. 结构紧凑　　　C. 材料消耗少　　　D. 耐压性能好

2. 冷、热流体在换热器中进行无相变逆流传热，换热器用久后形成污垢层，在同样的操作条件下，与无垢层相比，结垢后的换热器的 K（　　）。
   A. 变大　　　　　B. 变小　　　　　C. 不变　　　　　D. 不确定

3. 逆流换热时，冷流体出口温度的最高极限值是（　　）。
   A. 热流体出口温度　　　　　　　　B. 冷流体出口温度
   C. 冷流体进口温度　　　　　　　　D. 热流体进口温度

4. 下列不属于列管式换热器的是（　　）。
   A. U 形管式　　　B. 浮头式　　　C. 螺旋板式　　　D. 固定管板式

5. 下列列管式换热器操作程序操作不正确的是（　　）。

A. 开车时，应先进冷物料，后进热物料

B. 停车时，应先停热物料，后停冷物料

C. 开车时要排出不凝气

D. 发生管堵或严重结垢时，应分别加大冷、热物料流量，以保持传热量

教师评价单

任务 8 流化床干燥器操作

化工生产中的固体产品（或半成品）为便于储藏、运输、加工或应用，需除去其中的湿分（水或其他液体）。常用的设备如厢式干燥器、气流干燥器、流化床干燥器、喷雾干燥器、转筒干燥器等，干燥操作现已广泛应用于化工、石油、医药、纺织、电子、机械制品等行业，在国民经济中占有很重要的地位。

任务描述

干燥车间接到一生产任务，根据市场对产品的反馈，公司将产品形态由膏状调整为颗粒状，因此需要干燥车间对颗粒状产品进行干燥，使含水量达标，颗粒状产品的脆性明显增加。车间技术小组接到任务后，立即开展研讨分析，最后决定在车间选择一台合适的干燥器，并用旋风分离器和布袋除尘器对干燥器产生的废气进行处理，以达到排放标准。现需要你根据产品特性，选择合适的干燥器，检查并按操作规范开启干燥装置，完成生产任务，正常停车。

任务执行过程中请认真完成工作页的内容，工作页有助于你掌握更多与本任务相关的理论知识，扩展思路，加深对干燥工艺的认识，减少工作中的错误。

任务提示

一、工作方法

☑ 独立完成"信息"工作页内容，可用理论知识见主教材部分。

☑ 独立完成"计划"工作页内容，并以小组为单位，参照干燥装置操作规范，讨论计划制订的优缺点，制定突发问题应急预案。

☑ 小组合作完成"决策及实施"工作页内容，选择最优的工作计划，实施过程严格执行，并做好工作过程的记录，同时思考如何优化。

☑ 完成"检查"工作页内容，学生完成"自我评价"内容。

☑ 执行工作计划，对于出现的问题，请先自行解决，如确实无法解决，再寻求教师的帮助。

☑ 与教师讨论，进行工作总结，完成"总结与提高"工作页内容。

二、工作内容

分析生产任务，确定所需的干燥器类型。

分析装置流程图，开车前检查。

制订工作计划。

干燥装置的开车、生产、停车操作。

现场 6S 管理实施。

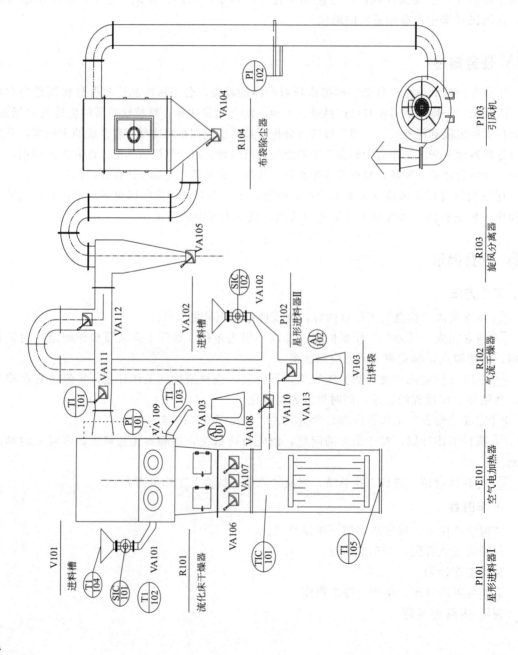

三、装置

干燥设备。

集中仪表面板。

DCS 控制系统。

四、知识储备

PID 图的识读。

干燥工艺原理。

流化床干燥器结构。

风机的操作规范。

DCS 系统调控。

压力、流量、温度、液位测量仪表的使用。

干基含水量、湿基含水量。

五、注意事项与安全、环保知识

☑ 穿实训鞋、服，戴手套，佩戴安全帽，长发盘起置于安全帽内。

☑ 读懂车间的安全标志并遵照行事。

☑ 防止触电。

☑ 操作过程中利用热空气为热源，谨防烫伤。

☑ 加热器避免干烧。

☑ 含尘气体经除尘处理后才能排放。

☑ 如实记录数据及设备工作状态。

六、可用资源

装置 PID 图、干燥器操作规范、ISO 标准等标准文件、主教材部分内容等。

干燥装置工艺流程

气流干燥

 工作过程

一、信息

完成本任务前，需要掌握一些必要的信息。请通过回答以下问题，完成任务信息的收集工作。

1. 完成本任务，需要做哪些安全防护措施？

2. 开车前需要检查哪些项目？如何检查？

需检查的项目	检查方法

3. 请比较厢式干燥器、气流干燥器、流化床干燥器、喷雾干燥器、转筒干燥器的优缺点和适用范围。

设备	优缺点	适用的物料形态
厢式干燥器		
气流干燥器		
流化床干燥器		
喷雾干燥器		
转筒干燥器		

4. 根据下图，请说明流化床干燥器的干燥原理。

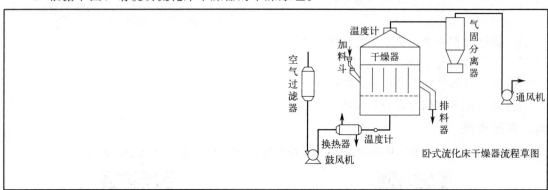

卧式流化床干燥器流程草图

5. 选用干燥器要考虑哪些影响因素？这些因素分别如何影响干燥器的选型？

6. 根据下图，请说明干球温度和湿球温度的意义。

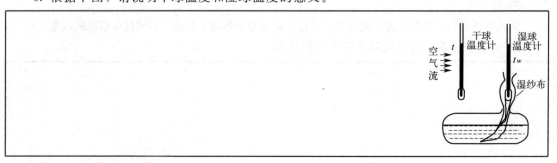

二、计划

下面,你需要独立制订工作计划。完成以下内容,有助于你分析整个开车、生产、停车过程中,操作的先后顺序。

1. 首先请在干燥车间现有的各类干燥器中,选定一种合适的干燥器,并说明选型理由。其次,本次干燥生产操作以热空气作为介质,干燥物料中的水分,完成生产操作,并计算在给定工艺条件下最终产品的含水量。干燥产生的含尘气体须经过旋风分离器和布袋除尘器过滤达标后,方可排放。基于以上的工作任务要求,请你分析并写出干燥装置开车、生产、停车时的操作顺序及详细步骤。

2. 请针对干燥装置操作过程中可能出现的问题,给出解决措施,制定突发情况应急预案。

序号	故障现象	产生原因分析	解决办法
1	干燥器内物料不能流化		
2	没有物料进入干燥器		
3	出料袋内没有物料进入		
4	干燥器内温度降低		
5	设备全部停电		

三、决策及实施

经过小组内部的分享、讨论及教师点评,请确定最后需要实施的工作计划,在实施过程中严格执行,请按照下面所制定的内容进行操作。

工作过程	岗位具体工作步骤	
	内操岗位	外操岗位

流化床实验数据记录表

给定工艺条件		干燥器内热空气温度			干燥时间	物料质量	流量压差计	
时间	操作	空气入口温度/℃	流化床入口温度/℃	流化床内温度/℃	R101出口温度/℃	固体进料温度/℃	流化床层压差/kPa	流量计压差/kPa

计算最终产品的含水量：

四、检查

说明："检查"的意义是学生对自己团队合作能力与装置操作能力进行判断，而与任务是否完成无关。

评价内容	评价要求	分值	得分
课前准备	课前材料准备是否齐全	20	
工作页填写	工作页填写是否认真	15	
团队合作	与组员是否能相互合作完成任务	20	
规范操作	是否严格按照操作步骤完成	30	
积极参与	小组成员是否积极参与任务	15	

总结与提高

一、汇总分析

自我检查评价得分	操作过程教师评价得分

注：教师可使用本教材附带的评价表，也可根据实际情况自行制定评价方案。

二、自我评价与总结

1. 本次任务中,所在团队配合最好的方面:

2. 本次任务中,自己做得较好的方面:

3. 本次任务中,自己最大的收获:

思考与练习

(选择题均为单选题)

1. ( )越小,湿空气吸收水汽的能力越大。
   A. 湿度　　　　　B. 绝对湿度　　　C. 饱和湿度　　　D. 相对湿度
2. 50kg 湿物料中含水 10kg,则干基含水量为( )%。
   A. 15　　　　　　B. 20　　　　　　C. 25　　　　　　D. 40
3. 对于一定干球温度的空气,当其相对湿度愈低时,其湿球温度( )。
   A. 愈高　　　　　B. 愈低　　　　　C. 不变　　　　　D. 不确定,与其他因素有关
4. 反映热空气容纳水汽能力的参数是( )。
   A. 绝对湿度　　　B. 相对湿度　　　C. 湿容积　　　　D. 湿比热容
5. 干燥得以进行的必要条件是( )。
   A. 物料内部温度必须大于物料表面温度
   B. 物料内部水蒸气压力必须大于物料表面水蒸气压力
   C. 物料表面水蒸气压力必须大于空气中的水蒸气压力
   D. 物料表面温度必须大于空气温度

教师评价单

任务9　干燥速率曲线的测定

某物料在恒定干燥条件下干燥，可用实验方法测定干燥速率，并绘制干燥速率曲线。干燥实验采用大量空气干燥少量湿物料，因此，空气进出干燥器的状态、流速以及湿物料的接触方式均可视为恒定，即认为实验是在恒定干燥条件下进行的。根据实验时的干燥时间和物料含水量之间的关系绘制得到的曲线称为干燥曲线，将干燥曲线数据转化为干燥速率，与物料含水量绘制成干燥速率曲线，该曲线能非常清楚地表示出物料的干燥特性。

任务描述

干燥车间接到一生产任务，根据市场反馈，公司对产品进行了调整，新生产的产品为颗粒状固体，较脆，需干燥至含水量<5%才能达标，但不确定干燥生产过程中最佳的工艺参数。车间技术小组接到任务后，立即开展研讨分析，最后决定在车间选择一台流化床干燥器进行生产，并用旋风分离器和布袋除尘器对干燥器产生的废气进行处理，以达到排放标准。现需要你检查并按操作规范开启流化床干燥器，测定并绘制干燥速率曲线，完成生产任务，正常停车。

任务执行过程中请认真完成工作页的内容，工作页有助于你掌握更多与本任务相关的理论知识，扩展思路，加深对干燥工艺的认识，减少工作中的错误。

任务提示

一、工作方法

☑ 独立完成"信息"工作页内容，可用理论知识见主教材部分。

☑ 独立完成"计划"工作页内容，并以小组为单位，参照干燥装置操作规范，讨论计划制订的优缺点，制定突发问题应急预案。

☑ 小组合作完成"决策及实施"工作页内容，选择最优的工作计划，实施过程严格执行，并做好工作过程的记录，同时思考如何优化。

☑ 完成"检查"工作页内容，学生完成"自我评价"内容。

☑ 执行工作计划，对于出现的问题，请先自行解决，如确实无法解决，再寻求教师的帮助。

☑ 与教师讨论，进行工作总结，完成"总结与提高"工作页内容。

二、工作内容

分析装置流程图，开车前检查。

制订工作计划。

干燥装置的开车、生产、停车操作。

现场6S管理实施。

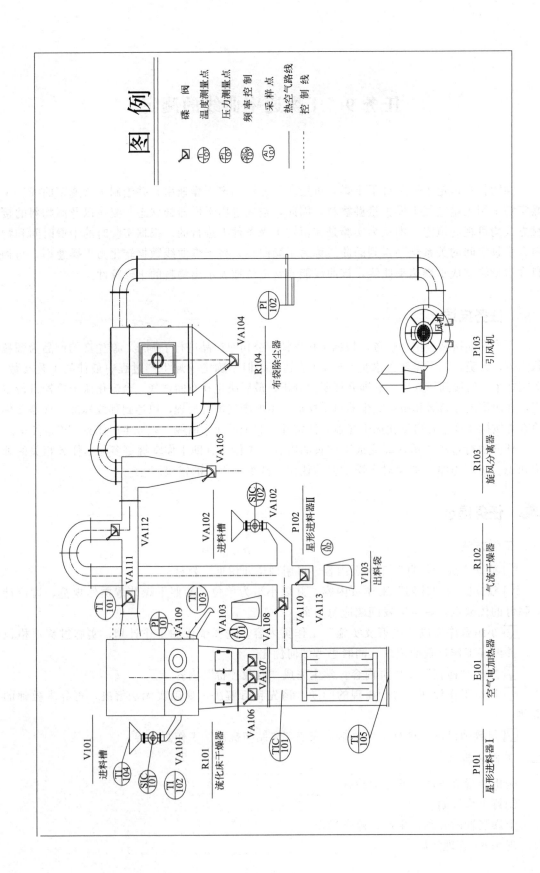

三、装置

干燥设备。
集中仪表面板。
DCS 控制系统。

四、知识储备

PID 图的识读。
干燥工艺原理。
流化床干燥器结构。
风机的操作规范。
DCS 系统调控。
压力、流量、温度、液位测量仪表的使用。
干基含水量、湿基含水量。
干燥速率曲线。

五、注意事项与安全、环保知识

☑ 穿实训鞋、服，戴手套，佩戴安全帽，长发盘起置于安全帽内。
☑ 读懂车间的安全标志并遵照行事。
☑ 防止触电。
☑ 操作过程中利用热空气为热源，谨防烫伤。
☑ 加热器避免干烧。
☑ 含尘气体经除尘处理后才能排放。
☑ 如实记录数据及设备工作状态。

六、可用资源

装置 PID 图、干燥器操作规范、ISO 标准等标准文件、主教材部分内容等。

工作过程

一、信息

完成本任务前，需要掌握一些必要的信息。请通过回答以下问题，完成任务信息的收集工作。

1. 完成本任务，需要做哪些安全防护措施？

2. 请写出干基含水量和湿基含水量的计算公式。

干基含水量：	湿基含水量：

3. 请在下图中标注总水分、自由水分、平衡水分、结合水分、非结合水分。

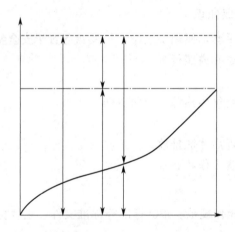

4. 根据下图，进行干燥速率曲线分析，分段说明干燥过程。

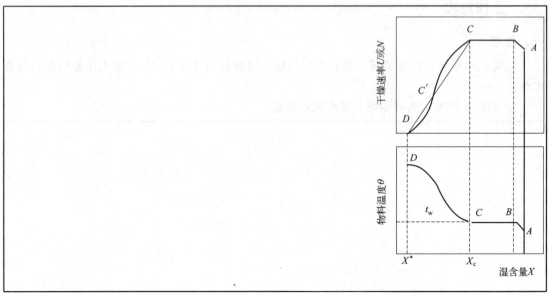

5. 影响干燥速率的因素有哪些?

二、计 划

下面，你需要独立制订工作计划。完成以下内容，有助于你分析整个开车、生产、停车过程中，操作的先后顺序。

1. 本次干燥生产操作选用流化床干燥器，以热空气作为介质，干燥物料中的水分，完成生产操作，绘制干燥曲线。干燥产生的含尘气体须经过旋风分离器和布袋除尘器过滤达标后，方可排放。基于以上的工作任务要求，请你分析并写出测定干燥曲线实验的操作顺序及详细步骤。

2. 请针对干燥装置操作过程中可能出现的问题，给出解决措施，制定突发情况应急预案。

序号	故障现象	产生原因分析	解决办法
1	干燥器内物料不能流化		
2	没有物料进入干燥器		
3	出料袋内没有物料进入		
4	干燥器内温度降低		
5	设备全部停电		

三、决策及实施

经过小组内部的分享、讨论及教师点评，请确定最后需要实施的工作计划，在实施过程中，严格执行，并将工作过程中的问题记录下来。

工作过程	相关设备	具体工作步骤	
		内操岗位	外操岗位

流化床实验数据记录表

设定工艺条件		干燥器内热空气温度			干燥时间	物料质量	流量压差计	
时间	操作	空气入口温度/℃	流化床入口温度/℃	流化床内温度/℃	R101出口温度/℃	固体进料温度/℃	流化床层压差/kPa	流量计压差/kPa

样品分析数据表

序号	时间 /s	取样 /g	烘干后 质量/g	失水量 /g	干基含水量 /(kg/kg)	干燥速率 /(kg 水/s)
0(原料)						
1						
2						
3						
4						
5						
6						
7						

绘制干燥曲线：

四、检查

说明："检查"的意义是学生对自己团队合作能力与装置操作能力进行判断，而与任务是否完成无关。

评价内容	评价要求	分值	得分
课前准备	课前材料准备是否齐全	20	
工作页填写	工作页填写是否认真	15	
团队合作	与组员是否能相互合作完成任务	20	
规范操作	是否严格按照操作步骤完成	30	
积极参与	小组成员是否积极参与任务	15	

 总结与提高

一、汇总分析

自我检查评价得分	操作过程教师评价得分

注：教师可使用本教材附带的评价表，也可根据实际情况自行制定评价方案。

二、自我评价与总结

1. 本次任务中,所在团队配合最好的方面:

2. 本次任务中,自己做得较好的方面:

3. 本次任务中,自己最大的收获:

思考与练习

(选择题均为单选题)

1. (　　)是根据在一定的干燥条件下物料中所含水分能否用干燥的方法加以除去来划分的。
   A. 结合水分和非结合水分　　　　B. 结合水分和平衡水分
   C. 平衡水分和自由水分　　　　　D. 自由水分和结合水分

2. 工业上用(　　)表示含水气体的水含量。
   A. 百分比　　　B. 密度　　　C. 摩尔比　　　D. 露点

3. 利用空气作介质干燥热敏性物料,且干燥处于降速阶段,欲缩短干燥时间,则可采取的最有效措施是(　　)。
   A. 提高介质温度　　　　　　　　B. 增大干燥面积,减薄物料厚度
   C. 降低介质相对湿度　　　　　　D. 提高介质流速

4. 流化床干燥器尾气含尘量大的原因是(　　)。
   A. 风量大　　　　　　　　　　　B. 物料层高度不够
   C. 热风温度低　　　　　　　　　D. 风量分布分配不均匀

5. 同一物料,如恒速阶段的干燥速率加快,则该物料的临界含水量将(　　)。
   A. 不变　　　B. 减少　　　C. 增大　　　D. 不一定

教师评价单

任务 10　板式塔全回流操作

精馏分离是根据溶液中各组分挥发度（或沸点）的差异，使各组分得以分离。板式塔精馏操作中，通过精馏板上汽、液两相的直接接触，使易挥发组分乙醇由液相向汽相传递，难挥发组分水由汽相向液相传递，是汽、液两相之间发生的质量传递过程。最终，由塔顶得到易挥发组分含量较高的乙醇溶液，由塔底得到难挥发组分含量较高的水溶液。

任务描述

精馏车间接到一生产任务，公司产品调整，由原来的苯改为医用酒精，精馏车间针对新产品，已经将板式塔相关装置全部清洗，为生产做好了准备，公司决定进行医用酒精的生产。车间技术小组接到任务后，立即开展研讨分析，最后决定开启一板式精馏塔，以水-乙醇混合液为原料，提纯酒精。现车间需要你检查并按操作规范开启板式精馏塔，逐步完成全回流阶段操作，为下一步连续生产做好准备。

任务执行过程中请认真完成工作页的内容，工作页有助于你掌握更多与本任务相关的理论知识，扩展思路，加深对精馏工艺的认识，减少工作中的错误。

任务提示

一、工作方法

☑ 独立完成"信息"工作页内容，可用理论知识见知识库部分。

☑ 独立完成"计划"工作页内容，并以小组为单位，参照板式塔精馏装置操作规范，讨论计划制订的优缺点，制定突发问题应急预案。

☑ 小组合作完成"决策及实施"工作页内容，选择最优的工作计划，实施过程严格执行，并做好工作过程的记录，同时思考如何优化。

☑ 完成"检查"工作页内容，学生完成"自我评价"内容。

☑ 执行工作计划，对于出现的问题，请先自行解决，如确实无法解决，再寻求教师的帮助。

☑ 与教师讨论，进行工作总结，完成"总结与提高"工作页内容。

二、工作内容

分析装置流程图，开车前检查。
依据生产要求，制订工作计划。
板式精馏塔装置的开车、全回流、停车操作。
现场 6S 管理实施。

三、装置

板式精馏塔设备。

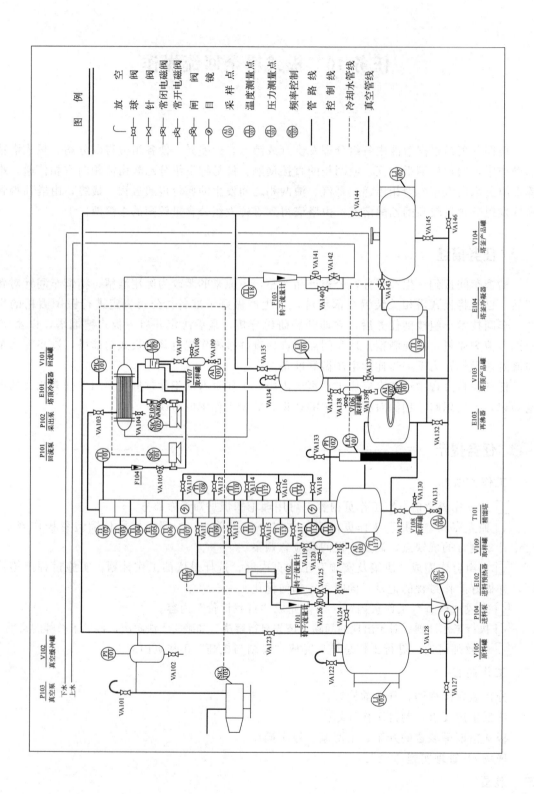

集中仪表面板。
DCS 控制系统。

四、知识储备

PID 图的识读。
精馏工艺原理。
板式塔结构。
泵的操作规范。
DCS 系统调控。
压力、流量、温度、液位测量仪表的使用。
液泛和漏液。
全回流。
混合液浓度的表示方法。

五、注意事项与安全、环保知识

☑ 穿实训鞋、服，戴手套，佩戴安全帽，长发盘起置于安全帽内。
☑ 读懂车间的安全标志并遵照行事。
☑ 控制好板式精馏塔釜的液位，塔釜再沸器不能干烧。
☑ 控制好塔中上升蒸气量和回流量，避免液泛和漏液。
☑ 注意跑、冒、滴、漏现象。
☑ 经常检查设备运转情况，如发现异常现象及时通知教师并处理。

六、可用资源

装置 PID 图、精馏操作规范、ISO 标准等标准文件、主教材部分内容等。

精馏装置工艺流程

精馏装置的开停车

 工作过程

一、信息

完成本任务前，需要掌握一些必要的信息。请通过回答以下问题，完成任务信息的收集工作。

1. 完成本任务，需要做哪些安全防护措施？

2. 开车前需要检查哪些项目？如何检查？

需检查的项目	检查方法

3. 关于装置上的离心泵和板式塔，你能查到哪些性能参数，请将信息填于下表中。

设备	性能参数
离心泵	
板式塔	

4. 请写出下图中 1~5 的名称。

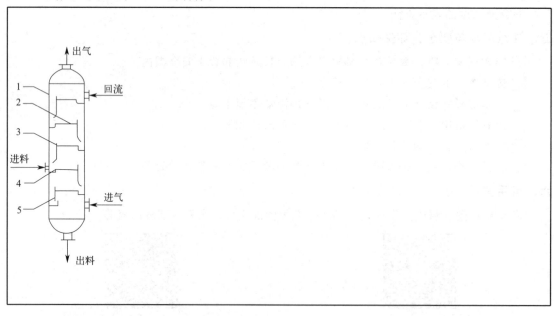

5. 请写出下列塔板的类型。

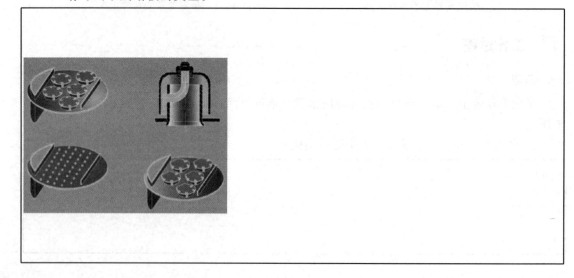

6. 请写出下列塔板上汽液接触状态的类型。

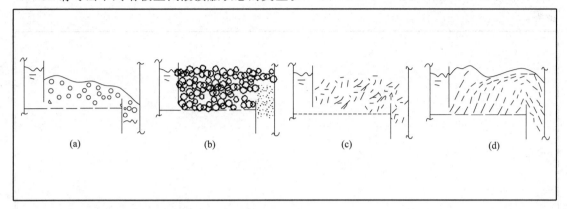

7. 请根据下图,说明塔板上汽液接触过程。

8. 请写出全回流操作在精馏工艺中的作用。

二、计划

下面,你需要独立制订工作计划。完成以下内容,有助于你分析整个开车、生产、停车过程中,操作的先后顺序。

1. 现在水-乙醇原料液储存于罐区,经过一定时间的存放,乙醇有所挥发,浓度降低,需要再加入一定量的乙醇,均匀混合后,使原料液中乙醇的质量分数达到15%左右,才能向板式精馏塔进料。进料后塔釜液位以没过塔釜再沸器且加热产生蒸气前原料液不会淹塔为合理,进料口位置和数量不限,执行全回流操作,并取样测量乙醇产品的酒精度。基于以上的工作任务要求,请你分析并写出板式塔精馏装置开车、全回流、停车时的操作顺序及详细步骤。

2. 请针对板式塔精馏装置操作过程中可能出现的问题,给出解决措施,制定突发情况应急预案。

序号	故障现象	产生原因分析	解决办法
1	精馏塔无进料液体		
2	精馏塔进料液体温度控制不稳定		
3	精馏塔液泛		
4	减压精馏时真空度小		
5	设备全部停电		
6	精馏塔无上升蒸气		
7	塔顶温度升高		
8	出料量增加		

三、决策及实施

经过小组内部的分享、讨论及教师点评,请确定最后需要实施的工作计划,在实施过程中,严格执行,并将工作过程中的问题记录下来。

工作过程	相关设备	参数控制	需要记录的参数	岗位分工	
				内操岗位	外操岗位

精馏实训数据记录表

采集时间/min					
塔顶温度/℃					
第二块板温度/℃					
第三块板温度/℃					
第四块板温度/℃					
第五块板温度/℃					
第六块板温度/℃					
第七块板温度/℃					
第八块板温度/℃					
第九块板温度/℃					
第十块板温度/℃					
第十一块板温度/℃					

续表

第十二块板温度/℃					
第十三块板温度/℃					
第十四块板温度/℃					
塔釜气相温度/℃					
塔釜液相温度/℃					
回流液温度/℃					
冷却水入口温度/℃					
冷却水出口温度/℃					
进料温度/℃					
再沸器加热电压/V					
再沸器液位/mm					
塔釜压力/kPa					
塔顶压力/kPa					
填表人				填表日期:	

样品采集记录表

回流比 $R=\infty$		测样温度/℃	酒精计读数	20℃ 体积分数	w 质量分数	x 摩尔分数
全回流	塔顶样品					
	塔釜样品					

20℃时乙醇密度789 kg/m³,20℃水密度998.2 kg/m³,根据以上两组数据查酒精计使用说明书得到20℃时塔顶乙醇的体积分数,并计算塔顶乙醇的质量分数。

四、检查

说明:"检查"的意义是学生对自己团队合作能力与装置操作能力进行判断,而与任务是否完成无关。

评价内容	评价要求	分值	得分
课前准备	课前材料准备是否齐全	20	
工作页填写	工作页填写是否认真	15	
团队合作	与组员是否能相互合作完成任务	20	
规范操作	是否严格按照操作步骤完成	30	
积极参与	小组成员是否积极参与任务	15	

总结与提高

一、汇总分析

自我检查评价得分	操作过程教师评价得分

注：教师可使用本教材附带的评价表，也可根据实际情况自行制定评价方案。

二、自我评价与总结

1. 本次任务中，所在团队配合最好的方面：

2. 本次任务中，自己做得较好的方面：

3. 本次任务中，自己最大的收获：

 思考与练习

（选择题均为单选题）

1. 精馏操作中，其他条件不变，仅将进料量升高则塔液泛速度将（　　）。
   A. 减少　　　　B. 不变　　　　C. 增加　　　　D. 以上答案都不正确
2. 精馏操作中，全回流的理论塔板数（　　）。
   A. 最多　　　　B. 最少　　　　C. 为零　　　　D. 适宜
3. 精馏过程设计时，增大操作压强，塔顶温度（　　）。
   A. 增大　　　　B. 减小　　　　C. 不变　　　　D. 不能确定
4. 精馏分离操作完成（　　）。
   A. 混合气体的分离　　　　B. 气、固相分离
   C. 液、固相分离　　　　　D. 均相混合液的分离
5. 精馏塔釜温度过高会造成（　　）。
   A. 轻组分损失增加　　　　B. 塔顶馏出物作为产品，质量不合格
   C. 釜液作为产品，质量不合格　　　　D. 塔板严重漏液

教师评价单

任务 11　板式塔连续生产操作

回流是保证精馏塔连续稳定操作的必要条件，回流液的多少对整个精馏塔的操作有很大影响，因而选择适宜的回流比是非常重要的。一般适宜回流比的选择是由经济衡算来确定的，即操作费用和设备折旧费用最低时的回流比为适宜回流比，可根据经验选取 $R=(1.1\sim2.0)R_{\min}$。

任务描述

精馏车间接到一生产任务，生产医用酒精的板式精馏塔，在开车试运行阶段全回流操作生产一段时间后，已经达到稳定操作，现欲开始连续生产操作。车间技术小组接到任务后，立即开展研讨分析，最后决定开启采出泵，进行连续生产。现车间需要你检查并按操作规范进行板式精馏塔的连续生产操作，将塔顶和塔釜的产品采出，并取样分析酒精度。

任务执行过程中请认真完成工作页的内容，工作页有助于你掌握更多与本任务相关的理论知识，扩展思路，加深对精馏工艺的认识，减少工作中的错误。

任务提示

一、工作方法

☑ 独立完成"信息"工作页内容，可用理论知识见主教材部分。
☑ 独立完成"计划"工作页内容，并以小组为单位，参照板式塔精馏装置操作规范，讨论计划制订的优缺点，制定突发问题应急预案。
☑ 小组合作完成"决策及实施"工作页内容，选择最优的工作计划，实施过程严格执行，并做好工作过程的记录，同时思考如何优化。
☑ 完成"检查"工作页内容，学生完成"自我评价"内容。
☑ 执行工作计划，对于出现的问题，请先自行解决，如确实无法解决，再寻求教师的帮助。
☑ 与教师讨论，进行工作总结，完成"总结与提高"工作页内容。

二、工作内容

分析装置流程图，开车前检查。
依据生产要求，制订工作计划。
板式精馏塔装置的开车、连续生产、停车操作。
现场 6S 管理实施。

三、装置

板式精馏塔设备。
集中仪表面板。

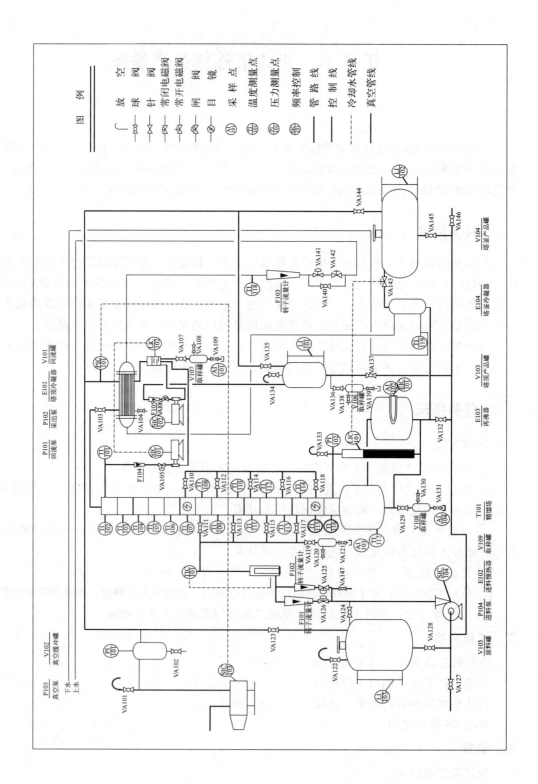

DCS 控制系统。

四、知识储备

PID 图的识读。

精馏工艺原理。

板式塔结构。

泵的操作规范。

DCS 系统调控。

压力、流量、温度、液位测量仪表的使用。

液泛和漏液。

全回流和部分回流

混合液浓度的表示方法。

五、注意事项与安全、环保知识

☑ 穿实训鞋、服，戴手套，佩戴安全帽，长发盘起置于安全帽内。

☑ 读懂车间的安全标志并遵照行事。

☑ 控制好板式精馏塔釜的液位，塔釜再沸器不能干烧

☑ 控制好塔中上升蒸气量和回流量，避免液泛和漏液

☑ 注意跑、冒、滴、漏现象。

☑ 经常检查设备运转情况，如发现异常现象及时通知教师并处理。

六、可用资源

装置 PID 图、精馏操作规范、ISO 标准等标准文件、主教材部分内容等。

精馏塔故障处理

液泛现象

 工作过程

一、信息

完成本任务前，需要掌握一些必要的信息。请通过回答以下问题，完成任务信息的收集工作。

1. 完成本任务，需要做哪些安全防护措施？

2. 进料的不同热状况对 q 线是有影响的，请将下表填写完整。

进料热状况	q 值	斜率 q/(q−1)	q 线在 x-y 图上位置
冷液体			
饱和液体			
气液混合物			
饱和蒸气			
过热蒸气			

3. 请根据下图，说明精馏生产过程。

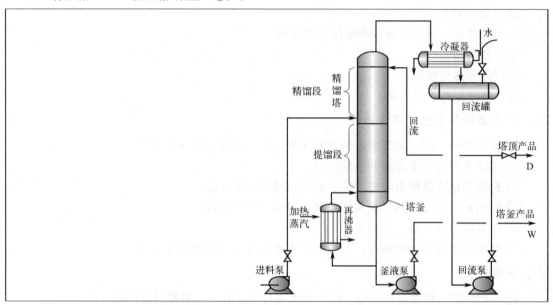

4. 请写出下图中①～⑤线的名称。

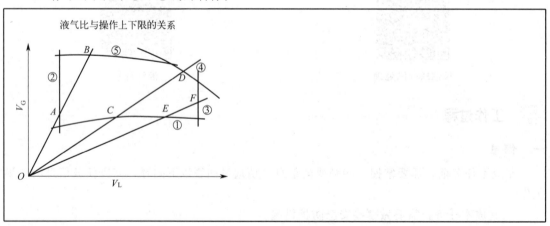

二、计划

下面，你需要独立制订工作计划。完成以下内容，有助于你分析整个开车、生产、停车过程中，操作的先后顺序。

1. 现在板式精馏塔已经在全回流的状态下稳定运行，乙醇产品取样测试后酒精度符合要求，可以开始采出，进入连续生产过程。基于以上的工作任务要求，请你分析并写出板式塔精馏装置开车、连续生产、停车时的操作顺序及详细步骤。

2. 请针对板式塔精馏装置操作过程中可能出现的问题，给出解决措施，制定突发情况应急预案。

序号	故障现象	产生原因分析	解决办法
1	精馏塔无进料液体		
2	精馏塔进料液体温度控制不稳定		
3	精馏塔液泛		
4	减压精馏时真空度小		
5	设备全部停电		
6	精馏塔无上升蒸气		
7	塔顶温度升高		
8	出料量增加		

三、决策及实施

经过小组内部的分享、讨论及教师点评，请确定最后需要实施的工作计划，在实施过程中，严格执行，并将工作过程中的问题记录下来。

工作过程	相关设备	参数控制	需要记录的参数	岗位分工	
				内操岗位	外操岗位

板式精馏塔稳定条件下的数据表

	全回流	部分回流
塔顶温度/℃		
塔釜温度/℃		
回流液温度/℃		
冷却水入口温度/℃		
冷却水出口温度/℃		
加热电压/V		
釜液位/mm		
塔釜压力/kPa		
塔顶压力/kPa		
回流泵频率/Hz		
出料泵频率/Hz		
进料温度/℃		
进料流量/(L/h)		
塔顶样品温度/℃		
酒精计读数		
塔釜样品温度/℃		
酒精计读数		
进料样品温度/℃		
酒精计读数		
填表人		日期

样品采集记录表

回流比 R=( )		测样温度/℃	酒精计读数	20℃ 体积分数	w 质量分数	x 摩尔分数
部分回流	塔顶样品					
	塔釜样品					
	进料样品					

20℃时乙醇密度 789 kg/m³,20℃水密度 998.2 kg/m³,分别计算塔顶和塔底乙醇的质量分数和摩尔浓度。

四、检查

说明:"检查"的意义是学生对自己团队合作能力与装置操作能力进行判断,而与任务是否完成无关。

评价内容	评价要求	分值	得分
课前准备	课前材料准备是否齐全	20	
工作页填写	工作页填写是否认真	15	
团队合作	与组员是否能相互合作完成任务	20	
规范操作	是否严格按照操作步骤完成	30	
积极参与	小组成员是否积极参与任务	15	

总结与提高

一、汇总分析

自我检查评价得分	操作过程教师评价得分

注:教师可使用本教材附带的评价表,也可根据实际情况自行制定评价方案。

二、自我评价与总结

1. 本次任务中,所在团队配合最好的方面:

2. 本次任务中,自己做得较好的方面:

3. 本次任务中,自己最大的收获:

思考与练习

（选择题均为单选题）

1. 从节能观点出发，适宜回流比 R 应取（ ）倍最小回流比 $R_{\min}$。
   A. 1.1　　B. 1.3　　C. 1.7　　D. 2

2. 回流比的计算公式是（ ）。
   A. 回流量/塔顶采出量　　B. 回流量/（塔顶采出量加进料量）
   C. 回流量/进料量　　　　D. （回流量加进料量）/全塔采出量

3. 最小回流比（ ）。
   A. 回流量接近于零　　　B. 在生产中有一定应用价值
   C. 不能用公式计算　　　D. 是一种极限状态，可用来计算实际回流比

4. 精馏塔回流量的增加，（ ）。
   A. 塔压差明显减小，塔顶产品纯度会提高
   B. 塔压差明显增大，塔顶产品纯度会提高
   C. 塔压差明显增大，塔顶产品纯度会减小
   D. 塔压差明显减小，塔顶产品纯度会减小

5. 精馏中引入回流，下降的液相与上升的汽相发生传质使上升的汽相易挥发组分浓度提高，最恰当的说法是（ ）。
   A. 液相中易挥发组分进入汽相
   B. 汽相中难挥发组分进入液相
   C. 液相中易挥发组分和难挥发组分同时进入汽相，但其中易挥发组分较多
   D. 液相中易挥发组分进入汽相和汽相中难挥发组分进入液相必定同时发生

教师评价单

任务 12　吸收解吸装置开停车操作

吸收是利用各组分在溶剂中溶解度不同而分离气体混合物的操作,是分离气体混合物时最常用的一种操作,在化工、炼油等工业中应用很广,是一种典型的单元操作。

任务描述

吸收车间接到一生产任务,由于原料批次不同,前道车间生产过程产生的废气中,出现了大量 CO_2,车间技术小组接到任务后,立即开展研讨分析,最后决定开启一套吸收解吸装置,以水作为吸收剂,对废气中的 CO_2 进行处理,以使气体达到排放标准。现车间需要你检查并按操作规范开启吸收装置,调节吸收剂用量,完成 CO_2 处理任务,并正常停车。

任务执行过程中请认真完成工作页的内容,工作页有助于你掌握更多与本任务相关的理论知识,扩展思路,加深对吸收工艺的认识,减少工作中的错误。

任务提示

一、工作方法

☑ 独立完成"信息"工作页内容,可用理论知识见主教材部分。

☑ 独立完成"计划"工作页内容,并以小组为单位,参照吸收解吸装置操作规范,讨论计划制订的优缺点,制定突发问题应急预案。

☑ 小组合作完成"决策及实施"工作页内容,选择最优的工作计划,实施过程严格执行,并做好工作过程的记录,同时思考如何优化。

☑ 完成"检查"工作页内容,学生完成"自我评价"内容。

☑ 执行工作计划,对于出现的问题,请先自行解决,如确实无法解决,再寻求教师的帮助。

☑ 与教师讨论,进行工作总结,完成"总结与提高"工作页内容。

二、工作内容

分析装置流程图,开车前检查。

选定物料流程,制订工作计划。

吸收解吸装置的开车、生产、停车操作。

现场 6S 管理实施。

三、装置

吸收解吸设备。

集中仪表面板。

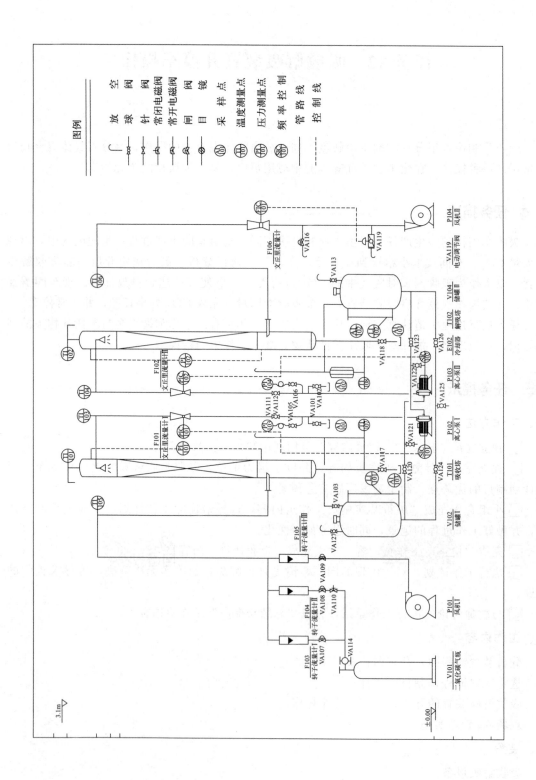

DCS 控制系统。

四、知识储备

PID 图的识读。

吸收工艺原理。

填料塔结构。

泵的操作规范。

风机的操作规范。

DCS 系统调控。

压力、流量、温度、液位测量仪表的使用。

液泛。

五、注意事项与安全、环保知识

☑ 穿实训鞋、服，戴手套，佩戴安全帽，长发盘起置于安全帽内。

☑ 读懂车间的安全标志并遵照行事。

☑ 控制好吸收塔、解吸塔液位，严防气体窜入贫液槽、富液槽，根据生产情况向系统内补充吸收剂。

☑ 符合净化气质量标准前提下，分析有关参数变化。

☑ 注意吸收塔进气流量及压力稳定，随时调节二氧化碳流量和压力至稳定值。

☑ 注意跑、冒、滴、漏现象。

☑ 经常检查设备运转情况，如发现异常现象及时通知教师并处理。

☑ 解吸液进料预热器加热前必须开启解吸液泵，保证加热器内有水。

☑ 使用 CO_2 气瓶时，严格按照高压气瓶操作规范进行操作。

六、可用资源

装置 PID 图、吸收操作规范、ISO 标准等标准文件、主教材部分内容等。

吸收解吸装置流程

吸收解吸装置开停车操作

 工作过程

一、信息

完成本任务前，需要掌握一些必要的信息。请通过回答以下问题，完成任务信息的收集工作。

1. 完成本任务，需要做哪些安全防护措施？

2. 开车前需要检查哪些项目？如何检查？

需检查的项目	检查方法
公用工程	
动设备	
静设备	

3. 关于装置上的离心泵和风机，你能查到哪些性能参数，请将信息填于下表中。

设备	性能参数
离心泵	
废气风机	
空气风机	

4. 装置中用于存储吸收液和解吸液的是下图中的哪种储罐？为什么不选择其余两种？

(a)
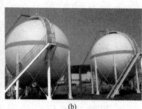
(b)

(c)

5. 吸收过程是溶质从气相向液相传递的过程。而解吸的传质方向正好相反，其目的是什么？

6. 使用 CO_2 气瓶应注意哪些问题？

7. 本套装置的传质过程是用水来吸收空气中的二氧化碳，二氧化碳在水中溶解度很小，从双膜理论考虑，属于_____控制。

8. 全塔物料如何进行衡算？请写出物料衡算式。

9. 仔细观察下图,气体的溶解度与温度、压力有什么关系?

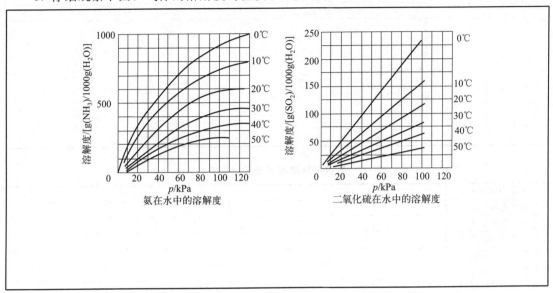

氨在水中的溶解度　　　　二氧化硫在水中的溶解度

二、计划

下面,你需要独立制订工作计划。完成以下内容,有助于你分析整个开车、生产、停车过程中,操作的先后顺序。

1. 吸收解吸装置的生产任务是基于前道车间产生的含 CO_2 的废气,要将废气中的 CO_2 除掉,需要用到吸收塔,并且用水作为本次的吸收剂,吸收剂的用量要保证能将废气中的 CO_2 含量降至标准值以下。解吸装置是用于回收吸收后的吸收剂,并用干净空气将吸收剂解吸成贫液,循环回吸收装置继续使用。基于以上的工作任务要求,请你分析并写出吸收解吸装置开车、生产、停车时的操作顺序及详细步骤。

2. 请针对吸收解吸装置操作过程中可能出现的问题,给出解决措施,制定突发情况应急预案。

故障内容	产生原因	解决办法
无吸收剂流量		
解吸塔无喷淋		
原料气浓度异常		
解吸塔压降下降		
设备断电		
吸收塔压降下降		

三、决策及实施

经过小组内部的分享、讨论及教师点评,请确定最后需要实施的工作计划,在实施过程中,严格执行,并将工作过程中的问题记录下来。

工作过程	相关设备	具体工作步骤	
		内操岗位	外操岗位

吸收与解吸实训数据记录表

采集时间/min					
吸收气进塔温度/℃					
吸收气出塔温度/℃					
解吸气进塔温度/℃					
解吸气出塔温度/℃					
吸收液进塔温度/℃					
吸收液出塔温度/℃					
解吸液进塔温度/℃					
解吸液出塔温度/℃					
吸收塔内压差/kPa					
解吸塔内压差/kPa					
吸收液泵频率/Hz					
解吸液泵频率/Hz					
吸收液流量/(L/h)					
解吸收液流量/(L/h)					
吸收气流量/(L/h)					
解吸收气流量/(m³/h)					
填表人				填表日期	

四、检查

说明:"检查"的意义是学生对自己团队合作能力与装置操作能力进行判断,而与任务是否完成无关。

评价内容	评价要求	分值	得分
课前准备	课前材料准备是否齐全	20	
工作页填写	工作页填写是否认真	15	
团队合作	与组员是否能相互合作完成任务	20	
规范操作	是否严格按照操作步骤完成	30	
积极参与	小组成员是否积极参与任务	15	

 总结与提高

一、汇总分析

自我检查评价得分	操作过程教师评价得分

注:教师可使用本教材附带的评价表,也可根据实际情况自行制定评价方案。

二、自我评价与总结

1. 本次任务中，所在团队配合最好的方面：

2. 本次任务中，自己做得较好的方面：

3. 本次任务中，自己最大的收获：

思考与练习

（选择题均为单选题）

1. "液膜控制"吸收过程的条件是（ ）。
   A. 易溶气体，气膜阻力可忽略　　B. 难溶气体，气膜阻力可忽略
   C. 易溶气体，液膜阻力可忽略　　D. 难溶气体，液膜阻力可忽略

2. 对于吸收来说，当其他条件一定时，溶液出口浓度越低，则下列说法正确的是（ ）。
   A. 吸收剂用量越小，吸收推动力减小
   B. 吸收剂用量越小，吸收推动力增加
   C. 吸收剂用量越大，吸收推动力减小
   D. 吸收剂用量越大，吸收推动力增加

教师评价单

3. 溶解度较小时，气体在液相中的溶解度遵守（ ）定律。
   A. 拉乌尔　　B. 亨利　　C. 开尔文　　D. 依数性

4. 对气体吸收有利的操作条件应是（ ）。
   A. 低温＋高压　　B. 高温＋高压　　C. 低温＋低压　　D. 高温＋低压

5. 吸收操作中，减少吸收剂用量，将引起尾气浓度（ ）。
   A. 升高　　B. 下降　　C. 不变　　D. 无法判断

任务 13　填料塔性能测定

填料层的持液量：是指在一定操作条件下，在单位体积填料层内所积存的液体体积。适当的持液量对填料塔操作的稳定性和传质是有益的，但持液量过大，将减少填料层的空隙和气相流通截面，使填料塔压降增大，处理能力下降。

任务描述

吸收车间最近安装一套新的填料塔装置，安装完成后，需要对新填料塔性能进行测试，车间技术小组接到任务后，立即开展研讨分析，最后决定对新填料塔进行干塔和湿塔两种性能测试，绘制 $\Delta p/z \sim u$ 关系曲线。现车间需要你以水为吸收剂，测试新填料塔的干塔性能、湿塔性能，并绘制干塔、湿塔的 $\Delta p/z \sim u$ 关系曲线。

任务执行过程中请认真完成工作页的内容，工作页有助于你掌握更多与本任务相关的理论知识，扩展思路，加深对吸收工艺的认识，减少工作中的错误。

任务提示

一、工作方法

☑ 独立完成"信息"工作页内容，可用理论知识见知识库部分。

☑ 独立完成"计划"工作页内容，并以小组为单位，参照吸收解吸装置操作规范，讨论计划制订的优缺点，制定突发问题应急预案。

☑ 小组合作完成"决策及实施"工作页内容，选择最优的工作计划，实施过程严格执行，并做好工作过程的记录，同时思考如何优化。

☑ 完成"检查"工作页内容，学生完成"自我评价"内容。

☑ 执行工作计划，对于出现的问题，请先自行解决，如确实无法解决，再寻求教师的帮助。

☑ 与教师讨论，进行工作总结，完成"总结与提高"工作页内容。

二、工作内容

分析装置流程图，确定要测试的填料塔。

选定物料流程，制订工作计划。

干塔性能测试。

湿塔性能测试。

现场 6S 管理实施。

三、装置

吸收解吸设备。

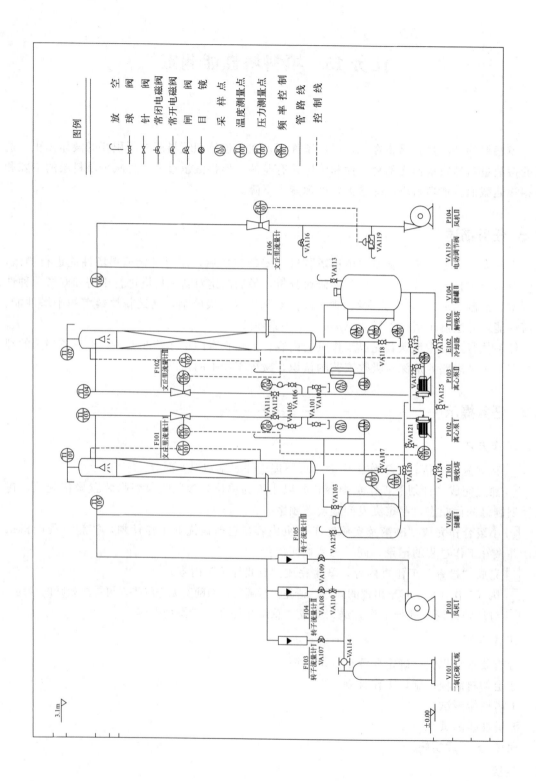

集中仪表面板。
DCS 控制系统。

四、知识储备

PID 图的识读。
填料塔结构。
泵的操作规范。
风机的操作规范。
DCS 系统调控。
压力、流量、温度、液位测量仪表的使用。
液泛。

五、注意事项与安全、环保知识

☑ 穿实训鞋、服，戴手套，佩戴安全帽，长发盘起置于安全帽内。
☑ 读懂车间的安全标志并遵照行事。
☑ 控制好吸收塔、解吸塔液位，严防气体串入贫液槽、富液槽，根据操作情况向系统内补充吸收剂。
☑ 符合净化气质量标准前提下，分析有关参数变化。
☑ 注意跑、冒、滴、漏现象。
☑ 经常检查设备运转情况，如发现异常现象及时通知教师并处理。
☑ 开解吸液进料预热器加热前必须开启解吸液泵，保证加热器内有水。
☑ 使用 CO_2 气瓶时，严格按照高压气瓶操作规范进行操作。

六、可用资源

装置 PID 图、吸收操作规范、ISO 标准等标准文件、主教材部分内容等。

工作过程

一、信息

完成本任务前，需要掌握一些必要的信息。请通过回答以下问题，完成任务信息的收集工作。

1. 完成本任务，需要做哪些安全防护措施？

2. 转子流量计在使用时应注意什么？

3. 请根据右图，说明填料层的压降与空塔气速的关系。

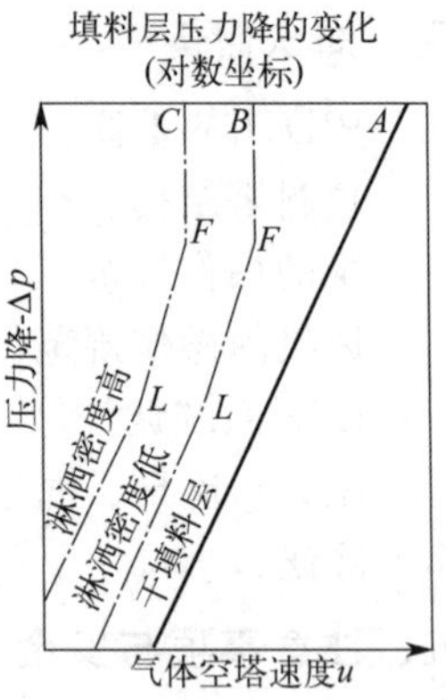

4. 请解释说明液泛现象发生的原因，找出解决办法。

二、计划

下面，你需要独立制订工作计划。完成以下内容，有助于你分析整个填料塔性能测试过程中，操作的先后顺序。

1. 填料塔的干塔性能测试中，只通入气体，不通入吸收剂；湿塔性能测试中，既要通入气体，也要通入吸收剂，吸收剂用量不变，测试以填料塔发生液泛为终止条件。基于以上的工作任务要求，请你分析并写出两种塔性能测试的操作顺序及详细步骤。

2. 请针对填料塔性能测试过程中可能出现的问题，给出解决措施，制定突发情况应急预案。

故障内容	产生原因	解决办法
无吸收剂流量		
解吸塔无喷淋		
原料气浓度异常		
解吸塔压降下降		
设备断电		
吸收塔压降下降		

三、决策及实施

经过小组内部的分享、讨论及教师点评，请确定最后需要实施的工作计划，在实施过程中，严格执行，并将工作过程中的问题记录下来。

工作过程	相关设备	参数控制(比如液位在120)	需要记录的参数	岗位分工	
				内操岗位	外操岗位

干填料时 $\Delta p/Z \sim u$ 关系测定表

填料层高度 $Z=(\quad)$ m，塔径 $D=(\quad)$ m

序号	空气转子流量计读数/(m³/h)	填料层压强降/kPa	温度/℃	单位高度填料层压强降/(mmH₂O/m)	空塔气速/(m/s)
1					
2					
3					
4					
5					
6					
7					
8					
9					
10					
11					
12					

根据以上数据绘制 $\Delta p/Z \sim u$ 关系曲线。

湿填料时 $\Delta p/Z \sim u$ 关系测定表

填料层高度 $Z=(\quad)$ m，塔径 $D=(\quad)$ m

序号	空气转子流量计读数/(m³/h)	填料层压强降/kPa	温度/℃	单位高度填料层压强降/(mmH₂O/m)	空塔气速/(m/s)	操作现象
1						
2						
3						
4						
5						
6						
7						
8						
9						
10						
11						
12						

根据以上数据绘制 $\Delta p/Z \sim u$ 关系曲线。

四、检查

说明："检查"的意义是学生对自己团队合作能力与装置操作能力进行判断，而与任务是否完成无关。

评价内容	评价要求	分值	得分
课前准备	课前材料准备是否齐全	20	
工作页填写	工作页填写是否认真	15	
团队合作	与组员是否能相互合作完成任务	20	
规范操作	是否严格按照操作步骤完成	30	
积极参与	小组成员是否积极参与任务	15	

总结与提高

一、汇总分析

自我检查评价得分	操作过程教师评价得分

注：教师可使用本教材附带的评价表，也可根据实际情况自行制定评价方案。

二、自我评价与总结

1. 本次任务中，所在团队配合最好的方面：

2. 本次任务中，自己做得较好的方面：

3. 本次任务中，自己最大的收获：

思考与练习

（选择题均为单选题）

1. 逆流填料塔的泛点气速与液体喷淋量的关系是（ ）。
   A. 喷淋量减小，泛点气速减小　　B. 无关

C. 喷淋量减小，泛点气速增大　　　D. 喷淋量增大，泛点气速增大
　2. 吸收操作气速一般（　）。
　　　A. 大于泛点气速　　　　　　　　B. 小于载点气速
　　　C. 大于泛点气速而小于载点气速　　D. 大于载点气速而小于泛点气速
　3. 吸收操作过程中，在塔的负荷范围内，当混合气处理量增大时，为保持回收率不变，可采取的措施有（　）。
　　　A. 降低操作温度　　　　　　　　B. 减少吸收剂用量
　　　C. 降低填料层高度　　　　　　　D. 减少操作压力
　4. 吸收操作中，气流若达到（　），将有大量液体被气流带出，操作极不稳定。
　　　A. 液泛气速　　B. 空塔气速　　C. 载点气速　　D. 临界气速
　5. 在进行吸收操作时，吸收操作线总是位于平衡线的（　）。
　　　A. 上方　　　B. 下方　　　C. 重合　　　D. 不一定

教师评价单

任务 14　硼酸结晶操作

结晶是固体物质以晶体状态从蒸汽、溶液或熔融物中析出的过程,在化学工业中,常见的结晶过程是将固体物质从溶液及熔融物中结晶出来,经过结晶后的产品,均有一定的外形,便于干燥、包装、运输、储存等,从而可以更好地满足市场的需求。良好的结晶过程,不仅可以得到较高的纯度,也能得到较大的产率。颗粒大且粒度均匀的晶体易于过滤和洗涤,在储存时胶结现象(即颗粒相互胶黏成块)大为减少。

 任务描述

结晶车间接到一生产任务,需对前一车间生产的硼酸溶液进行结晶操作,将液体硼酸转为硼酸晶体,以提高硼酸的纯度。车间技术小组接到任务后,立即开展研讨分析,由于产量较小,最后决定开启结晶车间内的玻璃反应釜设备完成生产任务。现车间需要你检查并按操作规范开启装置,完成结晶操作,并正常停车。

任务执行过程中请认真完成工作页的内容,工作页有助于你掌握更多与本任务相关的理论知识,扩展思路,加深对结晶和重结晶工艺的认识,减少工作中的错误。

 任务提示

一、工作方法

☑ 独立完成"信息"工作页内容,可用理论知识见主教材部分。

☑ 独立完成"计划"工作页内容,并以小组为单位,参照结晶设备操作规范,讨论计划制订的优缺点,制定突发问题应急预案。

☑ 小组合作完成"决策及实施"工作页内容,选择最优的工作计划,实施过程严格执行,并做好工作过程的记录,同时思考如何优化。

☑ 完成"检查"工作页内容,学生完成"自我评价"内容。

☑ 执行工作计划,对于出现的问题,请先自行解决,如确实无法解决,再寻求教师的帮助。

☑ 与教师讨论,进行工作总结,完成"总结与提高"工作页内容。

二、工作内容

分析装置流程图,开车前检查。

选定物料流程,制订工作计划。

玻璃反应釜装置的开车、生产、停车操作。

现场 6S 管理实施。

三、装置

玻璃反应釜装置。

集中仪表面板。

DCS 控制系统。

四、知识储备

PID 图的识读。

结晶工艺原理。

泵的操作规范。

DCS 系统调控。

压力、流量、温度、液位测量仪表的使用。

重结晶。

五、注意事项与安全、环保知识

☑ 穿实训鞋、服，戴手套，佩戴安全帽，长发盘起置于安全帽内。

☑ 读懂车间的安全标志并遵照行事。

☑ 控制好结晶时间。

☑ 注意跑、冒、滴、漏现象。

☑ 经常检查设备运转情况，如发现异常现象及时通知教师并处理。

六、可用资源

装置 PID 图、结晶操作规范、ISO 标准等标准文件、主教材部分内容等。

 工作过程

一、信息

完成本任务前，需要掌握一些必要的信息。请通过回答以下问题，完成任务信息的收集工作。

1. 完成本任务，需要做哪些安全防护措施？

2. 实验前需要准备哪些仪器？

3. 请查阅相关手册，查找硼酸的理化特性。

4. 请写出结晶操作的特点。

5. 请结合下图，说明溶液过饱和度与结晶的关系。

6. 请简要说明结晶过程有哪些步骤。

7. 影响结晶的因素有哪些？

二、计划

下面，你需要独立制订工作计划。完成以下内容，有助于你分析整个开车、生产、停车过程中，操作的先后顺序。

选用结晶车间的玻璃反应釜装置进行本次的结晶操作，请将溶液中的硼酸结晶析出，并将硼酸晶体收集起来。基于以上的工作任务要求，请你分析并写出结晶操作的开车、生产、停车时的操作顺序及详细步骤。

三、决策

经过小组内部的分享、讨论及教师点评，请确定最后需要实施的工作计划，在实施过程中严格执行，并记录数据。

工作过程	具体步骤

四、检查

说明："检查"的意义是学生对自己团队合作能力与装置操作能力进行判断，而与任务是否完成无关。

评价内容	评价要求	分值	得分
课前准备	课前材料准备是否齐全	20	
工作页填写	工作页填写是否认真	15	
团队合作	与组员是否能相互合作完成任务	20	
规范操作	是否严格按照操作步骤完成	30	
积极参与	小组成员是否积极参与任务	15	

总结与提高

一、汇总分析

自我评价得分	教师评价单得分

注：教师可使用本教材附带的评价表，也可根据实际情况自行制定评价方案。

二、自我评价与总结

1. 本次任务中，所在团队配合最好的方面：

2. 本次任务中，自己做得较好的方面：

3. 本次任务中，自己最大的收获：

思考与练习

（选择题均为单选题）

1. （　）是结晶过程必不可少的推动力。
    A. 饱和度　　　B. 溶解度　　　C. 平衡溶解度　　　D. 过饱和度
2. 构成晶体的微观粒子（分子、原子或离子）按一定的几何规则排列，由此形成的最小单元称为（　）。
    A. 晶体　　　　B. 晶系　　　　C. 晶格　　　　　D. 晶习
3. 结晶操作过程中，有利于形成较大颗粒晶体的操作是（　）。
    A. 迅速降温　　B. 缓慢降温　　C. 激烈搅拌　　　D. 快速过滤
4. 结晶操作中，一定物质在一定溶剂中的溶解度主要随（　）变化。
    A. 溶质浓度　　B. 操作压强　　C. 操作温度　　　D. 过饱和度
5. 在工业生产中为了得到质量好、粒度大的晶体，常在介稳区进行结晶。介稳区是指（　）。
    A. 溶液没有达到饱和的区域　　　B. 溶液刚好达到饱和的区域
    C. 溶液有一定过饱和度，但程度小，不能自发地析出结晶的区域
    D. 溶液的过饱和程度大，能自发地析出结晶的区域

教师评价单

任务 15　常压过滤操作

固液混合物中处于连续状态的液体称为连续相(或分散介质)，处于分散状态的固体颗粒称为分散相(或分散物质)，工业生产中分离非均相物系的方法是设法造成分散相和连续相之间的相对运动，其分离规律遵循流体力学基本规律。

过滤分离法，是利用两相对多孔介质穿透性的差异，在某种推动力的作用下，使非均相物系得以分离。根据推动力的不同，可分为重力过滤、加压过滤和离心过滤。

任务描述

过滤车间接到一生产任务，在整套生产流程中，对吸收用的油性溶剂进行水洗解吸，洗涤后的水中含有少量油状溶剂，可通过加入絮凝剂的方式除去，此法会产生一定量的絮凝物，需要经过常压过滤除去，以达到工业水可循环利用的目的，节约水资源。车间技术小组接到任务后，立即开展研讨分析，由于产量较小，最后决定开启车间内的玻璃仿真设备即可完成生产任务。现车间需要你检查并按操作规范开启装置，完成过滤操作，并正常停车。

任务执行过程中请认真完成工作页的内容，工作页有助于你掌握更多与本任务相关的理论知识，扩展思路，加深对过滤工艺的认识，减少工作中的错误。

任务提示

一、工作方法

☑ 独立完成"信息"工作页内容，可用理论知识见知识库部分。

☑ 独立完成"计划"工作页内容，并以小组为单位，参照过滤设备操作规范，讨论计划制订的优缺点，制定突发问题应急预案。

☑ 小组合作完成"决策及实施"工作页内容，选择最优的工作计划，实施过程严格执行，并做好工作过程的记录，同时思考如何优化。

☑ 完成"检查"工作页内容，学生完成"自我评价"内容。

☑ 执行工作计划，对于出现的问题，请先自行解决，如确实无法解决，再寻求教师的帮助。

☑ 与教师讨论，进行工作总结，完成"总结与提高"工作页内容。

二、工作内容

分析装置流程图，开车前检查。

选定物料流程，制订工作计划。

玻璃反应釜装置的开车、生产、停车操作。

现场 6S 管理实施。

三、装置

玻璃反应釜装置。
集中仪表面板。
DCS 控制系统。

四、知识储备

PID 图的识读。
过滤工艺原理。
泵的操作规范。
DCS 系统调控。
压力、流量、温度测量仪表的使用。

五、注意事项与安全、环保知识

☑ 穿实训鞋、服，戴手套，佩戴安全帽，长发盘起置于安全帽内。
☑ 读懂车间的安全标志并遵照行事。
☑ 控制好过滤速率。
☑ 注意跑、冒、滴、漏现象。
☑ 经常检查设备运转情况，如发现异常现象及时通知教师并处理。

六、可用资源

装置 PID 图、过滤操作规范、ISO 标准等标准文件、主教材部分内容等。

板框过滤机工作原理

过滤实训操作动画

 工作过程

一、信息

完成本任务前，需要掌握一些必要的信息。请通过回答以下问题，完成任务信息的收集工作。

1. 完成本任务，需要做哪些安全防护措施？

2. 请查阅相关手册，查找絮凝剂的相关信息，解释絮凝剂的工作原理。

3. 请写出过滤操作的特点。

4. 请结合下图，说明板框压滤机的工作原理。

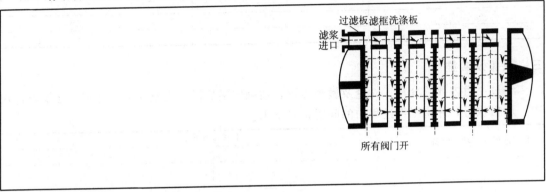

5. 常用的过滤介质都有哪些，请举例说明。

6. 请结合下图，解释"架桥"现象在过滤过程中的作用。

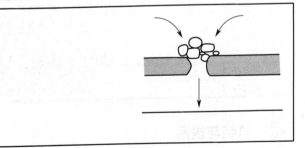

二、计划

下面，你需要独立制订工作计划。完成以下内容，有助于你分析整个开车、生产、停车过程中，操作的先后顺序。

1. 选用车间的玻璃反应釜装置进行本次的过滤操作，将流体中的絮状物通过过滤的方法全部除去。基于以上的工作任务要求，请你分析并写出过滤操作的开车、生产、停车时的操作顺序及详细步骤。

2. 请针对过滤装置操作过程中可能出现的问题，给出解决措施，制定突发情况应急预案。

故障内容	产生原因	解决办法

三、决策及实施

经过小组内部的分享、讨论及教师点评，请确定最后需要实施的工作计划，在实施过程中，严格执行，并将工作过程中的问题记录下来。

工作过程	相关设备	具体工作步骤	
		内操岗位	外操岗位

四、检查

说明："检查"的意义是学生对自己团队合作能力与装置操作能力进行判断，而与任务是否完成无关。

评价内容	评价要求	分值	得分
课前准备	课前材料准备是否齐全	20	
工作页填写	工作页填写是否认真	15	
团队合作	与组员是否能相互合作完成任务	20	
规范操作	是否严格按照操作步骤完成	30	
积极参与	小组成员是否积极参与任务	15	

 总结与提高

一、汇总分析

自我检查评价得分	操作过程教师评价得分

注：教师可使用本教材附带的评价表，也可根据实际情况自行制定评价方案。

二、自我评价与总结

1. 本次任务中，所在团队配合最好的方面：

2. 本次任务中，自己做得较好的方面：

教师评价单

3. 本次任务中，自己最大的收获：

 思考与练习

（选择题均为单选题）

1. 只需烘干就可称量的沉淀，选用（　　）过滤。
   A. 定性滤纸　　　B. 定量滤纸　　　C. 无灰滤纸　　　D. 玻璃砂芯坩埚或漏斗

2. 不适合废水治理的方法是（　　）。
   A. 过滤法　　　B. 生物处理法　　　C. 固化法　　　D. 萃取法

3. 下列说法正确的是（　　）。
   A. 滤浆黏性越大，过滤速度越快
   B. 滤浆黏性越小，过滤速度越快
   C. 滤浆中悬浮颗粒越大，过滤速度越快
   D. 滤浆中悬浮颗粒越小，过滤速度越快

4. "在一般过滤操作中，实际上起到主要介质作用的是滤饼层而不是过滤介质本身""滤渣就是滤饼"，则（　　）。
   A. 这两种说法都对　　　B. 两种说法都不对
   C. 只有第一种说法正确　　　D. 只有第二种说法正确

5. 过滤速率与（　　）成反比。
   A. 操作压差和滤液黏度　　　B. 滤液黏度和滤渣厚度
   C. 滤渣厚度和颗粒直径　　　D. 颗粒直径和操作压差